Craftsman Cook Korean Food Practice

한국요리 입문자를 위한

한식조리 기능사 실기

이진택 · 문수정 공저

(주)백산출판사

머리말

한국은 지리적으로 유라시아 대륙의 극동에 위치하고 있으며 삼면이 바다로 둘러싸인 반도국가로서 내륙지역은 동고서저(東高西低)의 형태를 지님으로써 동북지역의 산악지형은 잡곡류와 산채류가, 서남지역의 평야지대는 벼농사가 발달되어 왔다. 특히 삼면이 바다로 둘러싸여 있는 해안가 지역은 수산업의 발달과 함께 젓갈류 등의 저장발효음식이 발달하였으며 북쪽지방의 만주 일대는 콩의 원산지로서 콩장류의 가공기술이 발달하였다. 기후적으로는 전통적으로 사계절이 뚜렷하고 7월과 8월 고온다습한 기후로 인해 벼농사를 비롯한 농경문화에 적합한 환경을 갖추고 있으며 한국음식 문화형성의 또 다른 중요한 요인 중 하나로 볼 수 있는 사회문화적 측면에서는 불교와 유교의 영향을 받은 사찰요리와 궁중 및 반가요리, 시식과 절식은 규범적 형태의 음식문화 발전을 가능하게 함으로써 양적인 측면과 질적인 측면에서 다양한 음식문화를 형성해 올 수 있었다. 이렇듯 다양한 자연환경 및 사회적 요인 속에서도 한국은 독창적인 음식문화를 형성해 왔으며 21C(21st century, 世紀) 현재 K-FOOD라는 이름으로 한류의 중심에 서 있다.

이에 본서(本書)는 한국의 음식문화가 더욱 발전할 수 있기를 기원하며 한식조리 입문자들은 물론 한식조리 실무자들에게 도움을 주고자 Story 1에서 한국음식의 전체적인 이론적 배경을 설명하고 Story 2에서는 조리업무 시 가장 중요한 주방위생과 안전에 대하여 기술하였다. Story 3에서는 조리사들이 기본적으로 이해해야 할 외식업에서의 주방의 의미와 직무 그리고 외식업의 운영적 측면에서 조리사들이 전문적인 지식을 바탕으로 수행해야 할 메뉴관리와 구매관리, 원가관리에 대하여 안내하였다. Story 4에서는 한식조리기능사 자격증 취득을 위한 실기시험 공개문제로 구성하였다. 마지막으로 부록을 통하여 한식조리사들이 알아두어야 할 한식메뉴 영문표기법을 안내하였다. 이에 본 수험서를 통해 한식조리기능사 자격증을 취득하려는 한식조리 입문자들에게 합격의 영광이 함께하기를 기원함은 물론 한국요리에 관심 있는 모든 독자분들에게 미력이나마 도움이 되기를 희망한다.

이 책이 나오기까지 도움을 주신 ㈜백산출판사 진욱상 사장님을 비롯하여 이경희 부장님과 편집부 관계자 여러분께 진심으로 감사드리며, 조리사 복장안내를 위해 기꺼이 사진 촬영에 응해준 수정이에게 깊은 감사를 드립니다.

저자 씀

차례

차례

차례

STORY

1

:

한국음식의 이해

STORY 1

한국음식의 이해

1. 한국음식 개론

한국은 지리적으로 유라시아 대륙의 극동에 위치하고 있으며 삼면이 바다로 둘러싸인 반도국가로서 내륙지역은 동고서저(東高西低)의 형태를 지님으로써 동북지역의 산악지형은 잡곡류와 산채류, 서남지역의 평야지대는 벼농사가 발달되어 왔다. 특히 삼면이 바다로 둘러싸인 해안가 지역은 수산업의 발달과 함께 젓갈류 등의 저장발효음식이 발달하였으며 북쪽지방의 만주 일대는 콩의 원산지로서 콩장류의 가공기술이 발달하여 왔다. 기후적으로는 전통적으로 사계절이 뚜렷하고 7월과 8월 고온다습한 기후로 인해 벼농사를 비롯한 농경문화에 적합한 환경을 갖추고 있다. 한국 음식문화 형성의 또 다른 중요한 요인 중 하나인 사회문화적 측면에서는 불교와 유교의 영향을 받은 사찰요리와 궁중 및 반가요리, 시식과 절식은 규범적 형태의 음식문화 발전을 가능하게 함으로써 한국음식은 양적인 측면과 질적인 측면에서 다양한 음식문화를 형성해 올 수 있었다.

이를 바탕으로 한국음식의 문화적 특징을 정리하면 첫째, 한상차림에 의한 주식과 부식이 명확하게 구분되어 있고 둘째, 탕(湯)의 문화로서 국물요리가 잘 발달했으며 셋째, 저장 및 발효 음식이 발달하고 넷째, 약식동원(藥食同源)사상에 의한 식품재료의 쓰임새와 양념 및 고명이 다양하게 이용되며, 다섯째, 곡물요리의 발달과 각 지역 고유의 향토음식이 잘 발달된 특징을 기반으로 한국의 음식문화는 유구한 역사에 기반한 오래된 전통을 자랑하며, 반도국가라는 지리적 특성과 사계절의 변화

그리고 민간신앙을 비롯한 불교와 유교의 전래 등 다양한 요인에 의해 독창적인 음식문화를 형성해 왔음을 알 수 있다.

2. 한국음식의 시대별 흐름

한국의 음식문화는 기원전 6000년경부터 신석기시대 중반까지 만주 남부와 한반도 지역 일대에서 빗살무늬토기를 이용하고 원시적인 어로행위와 들짐승의 사냥 등 수렵·채취의 형태로 식생활을 영위하던 사람들에 의해 시작되었을 것으로 추정된다. 이후 북방 유목민들이 청동기문화를 들여와 기존의 선주민들과 어울리며 우리 민족의 원형인 '맥족'을 형성하게 됨으로써 고조선이라는 고대국가의 기틀을 세우게 되었으며 4세기경 철기문화의 전래와 함께 형성된 부족국가시대에서는 유목민들의 영향으로 가축사육의 발달과 함께 벼, 기장, 조, 콩, 수수 등을 비롯한 기초 농작물의 생산을 통해 곡물의 상용화를 이루게 되었다. 이러한 가축의 발달과 곡물의 상용화는 농사가 잘되기를 바라는 제천의식이 생겨나게 함으로써 지역 특산물로서의 과일의 생산은 물론 떡과 술을 빚어 먹는 계기가 되었다.

삼국시대는 고구려, 백제, 신라 시대를 의미하는 식생활의 정립시대로 중농정책을 펼쳤으며, 관개시설을 개선하고 쌀의 주식화로 인해 밥상차림이 정착되는 시기이다. 특히 삼국유사의 가락국기 수로왕조에 과(果)가 제수로 처음 언급되고 신문왕 때 왕비의 폐백 품목으로 쌀, 술, 장(醬), 꿀, 기름, 메주(豉) 등의 기록으로 보아 이 시기부터 한과류를 만들었을 것으로 짐작할 수 있다. 또한 불교의 전래로 인하여 사찰음식이 발달하고 육식이 쇠퇴하였으나 신라시대 불교 문화권에서의 육식(肉食)의 형태를 살펴보면 신라시대 화랑도의 세속오계(世俗五戒) 계율 중에는 '살생유택(殺生有擇)'이라는 규율이 있으며 이것은 살생을 하는 데 있어 가림이 있다는 뜻으로 사냥을 할 때는 동물의 번식기를 피하라는 의미로 해석되며 육식을 엄금(嚴禁)하지는 않았던 것으로 해석된다. 특히 콩을 이용한 콩장(豆醬)문화권의 형성은 채식의 식습관 형태에 따른 지방과 단백질 식품의 필요성이 대두됨에 따라 자연적으로 생성된 문화로서 생명력이 강하고 단백질과 불포화지방산이 풍부한 콩의 이용은 당시의 영양학적 측면에서 매우 중요한 의의를 지닌다. 콩장(豆醬)이란 식물성 단백질(콩)에 소금을 넣어 미생물의 작용으로 맛을 내어 조미료가 되는 동시에 저장성이 우수한 가공발효음식으로 주변 국가들에게 전파되고 맥적(貊炙)이라는 음식이 탄생하는 계기가 되었으며 오늘날에 와서도 콩장(된장)은 항암효과는 물론 고혈압 및 간 기능강화, 노인성 치매 예방, 당뇨개선 등의 약리적 효과성을 인정받고 있다.

> **Tip** 관개(灌漑)시설은 물을 이용한 농경사회를 이루는 데 가장 중요한 자연적 요소로서 서로 협동하고 상부상조하는 동양적 가치관을 형성하는 데 중요한 요인이 되었을 것으로 추측된다.

통일신라시대와 고려시대는 식생활 체제의 정착과 변천의 시대로 식생활의 발전기이다.

통일신라시대와 고려시대 초기에는 불교문화의 성행으로 차(茶) 문화와 식물성 식품을 사용하여 사찰음식이 더욱 발전하였고 이후 향신료의 사용과 주막이 생겨나 외식, 매식 문화가 형성되었으며 약밥, 국수, 떡, 약과, 두부, 콩나물 등의 조리법이 완성되었다. 고려 말에 이르러 몽골의 침입에 영향을 받아 육식(肉食)이 번성하고 증류식 소주, 기호식품인 깨, 후추, 설탕 등의 식재료가 전래된 것으로 보고 있다.

한국음식에 있어 사찰음식의 의의를 살펴보면 다양한 산채류의 활용과 장류, 부각류 등의 개발로 부족하기 쉬운 단백질을 효과적으로 섭취하고, 저장음식과 약용음식의 발달을 가져왔으며, 특히 미각적 측면에서 채수(菜水)의 이용과 천연 조미료의 이용(멸치가루, 버섯가루, 다시마가루 등)을 들 수 있다. 특히 사찰음식에서는 오신채를 날로 먹으면 음심을 일으켜 수행을 방해한다 하여 오신채 사용을 금하였는데 오신채란 자극성 있는 파, 마늘, 달래, 부추와 홍거의 다섯 가지이며 근래에 와서 홍거를 제외하고 양파를 오신채에 포함시키고 있기도 하다. 또한 사찰음식은 들깻가루와 들기름을 많이 이용하는데 이것은 사찰음식의 재료들이 대부분 식물성 재료(뿌리, 경엽채류)로 이루어져 있어 재료들의 소화를 돕는 데 효과적이기 때문이다.

조선시대에는 유교의 국교화로 규범이 중요시되는 궁중음식, 반가음식, 향토음식 등 가족을 중심으로 어른을 공경하는 독상차림이 발달하고 공간배열형의 한상차림인 3첩, 5첩, 7첩, 9첩, 12첩 등 반상차림의 형식을 취함으로써 상차림의 격식이 완성되고 관혼상제 및 통과의례 음식과 한과류가 다양하게 발달하였으며 특히 어른에 대한 공경에 바탕을 둔 '효(孝)'의 중심사상으로 노인 영양식[약선]이 발전하였다. 음식의 색과 맛의 조화, 술, 장, 젓갈, 김치 등의 가공기술이 다양화되었으며 이 시기에 고추, 감자, 고구마, 호박, 옥수수, 땅콩 등이 전래된 것으로 보고 있다. 그러나 조선사회에서의 숭유배불(崇儒排佛) 주의는 불교 문화권에서 애용되어 왔던 차문화가 퇴색되는 직, 간접적인 계기가 되었다.

개화기에 접어들면서 여러 나라와의 수호조약에 의해 서양음식의 도입이 늘어났으며 고종황제께서 러시아 공관에 머물며 알게 된 '손탁'여사를 위해 '손탁호텔'을 열도록 도와줌으로써 커피를 비롯한 서양요리가 본격적으로 도입되는 계기가 되었다.

조선시대 이후 한국음식은 일제강점기와 전쟁으로 인해 암흑기를 맞이하였으나 이후 비약적인 경제 발전과 저장기술의 발달 등에 따라 먹거리가 다양화되고 건강식에 대한 관심이 증가됨으로써 생존의 음식문화에서 탈피하여 Well-being지향, 편의지향, 감성지향이라는 창조적인 음식문화를 만들어 가고 있다.

➕ 현대 한국외식시장의 Keyword

- 나홀로 외식과 홀로 만찬 : 개인화되어 가는 현대인들의 특징과 자신을 위한 소비트렌드 현상
- 가심비 : 가성비에서 발전한 개념으로 소비에 대한 가격 대비 개인의 만족도를 일컫는 데서 유래
- 뉴트로 감성 : 기성세대들의 옛것에 대한 향수나 MZ세대들이 전통을 찾는 소비트렌드
- 비대면 서비스와 동네상권의 발달 : 2019년 12월에 불어닥친 Covid-19에 의한 소비트렌드 현상
- 진화하는 그린슈머 : 환경오염에 대한 소비자들의 저항 심리를 반영한 소비트렌드
- 편리미엄 외식 : 편리함과 프리미엄의 합성어로 외식(外食)을 함에 있어 간편하면서도 고부가가치적인 외식을 선호하는 소비트렌드
- 푸드테크의 발달 : 음식과 기술의 합성어로 외식산업에 첨단 정보통신(ICT)과 과학기술을 접목함으로써 생산적 측면에서의 효율적인 외식산업시장 도래

3. 한국음식의 종류와 조리법

한국음식의 특징을 이야기하다 보면 가장 먼저 언급되는 부분이 주식과 부식이 명확히 구분되어 있다는 점이다. 이것은 농경생활을 하는 문화권에서 주로 나타나는 현상으로 특히 한국의 반상문화

에서 두드러진다. 한국음식 중 주식은 죽류를 비롯해서 밥류와 곡물의 가루를 이용한 국수류 혹은 만두류로 이루어져 있으며 이러한 주식에 곁들여지는 부식류는 탕(湯)의 문화를 기반으로 하는 탕 반류와 밑반찬을 의미하는 찬 반류로 분류할 수 있다.

● 한국음식의 종류

주식류		죽류, 밥류, 면류와 만두류
부식류	탕반류	갈비탕, 설렁탕, 육개장, 찌개류 등의 국물류
	찬반류	나물류, 조림류, 구이류, 찜류 등의 밑반찬류

1) 주식류

한국의 주식은 밥류, 죽류, 면류와 만두류로 분류할 수 있다.

밥(飯)은 윗사람에게는 진지, 임금에게는 수라, 제사는 메 또는 젯메라고 각각 지칭한다. 주로 쌀로 지은 흰밥을 의미하고 별미식으로 보리나 콩, 팥, 조, 수수, 콩나물, 버섯, 나물 등을 섞어 오곡밥, 잡곡밥, 채소밥 등을 만들어 먹기도 한다.

죽은 곡물을 이용해서 만드는 유동식 음식으로 근래에는 병인(病人) 치료에 사용하는 환자식이나 다이어트 등에 이용되는 건강식으로 재조명되고 있으나 예전에는 기근이 들었을 때 굶주림에서 벗어나기 위해 먹는 구황식품으로 많이 이용되었다.

● 죽의 종류

옹근죽	쌀을 통으로 쑤는 죽
원미죽	쌀을 반쯤 부수어서 쑤는 죽
무리죽	쌀을 곱게 갈아서 쑤는 죽
기 타	쌀(곡물) 이외에 채소류, 어패류, 육류, 견과류 등을 넣고 끓이는 죽

만두는 밀가루 반죽을 얇게 밀어 재료와 넣는 소에 따라 종류가 다양하고 주로 북쪽지방에서 즐기는 음식이며 남쪽지방은 만두보다는 떡국이나 국수를 즐겨 먹었다.

껍질에 소를 넣고 해삼 모양으로 빚어 담쟁이 잎을 깔고 찐 것을 '규아상'이라 하고 밀가루 반죽을 껍질로 하고 돼지고기나 꿩고기 · 송이버섯 · 표고버섯 · 토란 · 잣 등으로 소를 넣고 둥글게 빚어 반으로 접어 반달 모양으로 만든 후 고기장국에 넣어 끓인 것을 '병시(餠匙)'라 하였다. 어만두는 생선을 얇게 저며 소를 넣어 만두 모양으로 만들어 녹말을 묻혀 찌거나 삶아서 만들고, 편수는 만두피를 네모나게 빚어 소를 넣어 찐 후 차게 식혀 먹는 여름 만두이다.

국수는 밀가루나 메밀가루를 반죽하여 가늘게 썰거나 틀로 가늘게 만든 식품으로, 일반적으로 잔치나 명절 때 차려내고, 보통 때는 점심에 많이 차려 먹는다. 국수의 종류에는 밀가루와 메밀가루를 이용해서 국물 없이 각종 야채와 버무려 비벼 먹거나 육수를 이용하며, 육수의 온도에 따라 온면과 냉면이 있다. 지역적인 특성으로 북쪽지방 사람들은 냉면을 즐기고, 남쪽사람들은 밀국수를 즐겼다.

➕ 냉면

함흥식 냉면

함흥 지방의 신선한 가자미를 회로 떠서 맵게 양념하여 먹던 음식으로, 가자미회 무침을 냉면에 얹은 것이 바로 회 냉면이다. 한국 전쟁 이후 북한의 실향민들을 통해 알려지게 되었으며, 면을 사용하는 데 있어서 녹말가루(감자)를 100% 사용하기 때문에 면발이 강하고 쫄깃쫄깃한 특성이 있다. 근래에 들어서 회무침의 재료로 가자미 대신, 홍어나 가오리를 많이 이용하기도 한다.

평양식 냉면

물냉면으로 유명하며 평안도 지방에서 양지머리 사태, 설깃살, 영계 꿩을 삶아 동치미를 섞어 만든 육수에 편육, 오이채, 배, 삶은 달걀 등의 고명을 얹어 먹던 음식이다.

면은 메밀가루, 녹말가루, 밀가루를 혼합하여 사용하기 때문에 함흥식보다 면발의 색이 어둡고 부드러운 것이 특징이다. 우리나라에서는 풍토에 맞게 감자 녹말보다 고구마 녹말을 많이 이용한다.

2) 부식류(탕 · 찬반류)

부식류는 주식류를 제외한 모든 반찬류라고 할 수 있으며 반찬류는 크게 탕반류와 찬반류로 분류할 수 있다. 탕반류에 속하는 탕과 국은 고기나 생선, 채소 등을 이용하여 끓인 국물요리를 의미하며 찬반류는 부식류 중에서 탕반류를 제외한 반찬류를 의미한다. 근래 외식산업에서 탕과 국이 동의의 개념으로 사용되기도 하지만 탕(갈비탕, 육개장 등)은 하나의 일품요리로서의 의미가 강하고 국(미역국, 콩나물국 등)은 주식인 밥에 곁들여지는 찬품류로서의 의미가 강하다.

➕ 문헌 속 국과 탕의 의미

- 국은 갱(국 → 羹), 확(臛 곰국, 고깃국 → 확) 또는 탕(湯)이라고 한다.
- 중국의 시집 『초사(楚辭)』 : 갱은 채소가 섞인 국이고, 확은 채소가 섞이지 않은 고깃국을 의미한다.
- 『증보산림경제(1766)』 : 국물이 많은 국을 탕, 건더기가 많은 국을 갱이라 구별
- 『시의전서』 : 제사에 쓰이는 국을 탕이라 함
- 『국어대사전』 : 갱은 제사에 쓰이는 국이고, 탕은 보통의 국을 가리킨다고 하였다.
- 『원행을묘정리의궤(1795)』 : 원반에 나오는 국은 생이라 칭하고, 협반에 나오는 국은 탕이라 하여 용어상으로 분리된다.

(1) 찌개, 감정, 조치

국과 찌개의 구분 역시 비슷한 의미를 지니고 있으나 구분을 해보면 국물의 양과 건지의 양으로 구분된다. 일반적으로 국물(3) : 건지(1)의 비율은 국, 국물(2) : 건지(1)의 비율은 찌개로 구분하는데 찌개가 국보다 간이 더 세다. 감정은 장(醬)으로 간을 한 찌개를 말하며, 조치란 궁중에서 센 소리 발음을 금하는 관계로 찌개를 일컫는 말이다. 보편적으로 국물요리를 만들 때 건지(수육)를 이용할 경우는 물이 끓을 때 내용물을 넣어야 원형을 보존할 수 있으며 국물을 위주로 먹는 음식은 찬물부터 주재료를 넣어 조리한다.

(2) 전골, 볶음

전골은 오늘날의 전골과는 의미가 다름을 알 수 있는데 예전에는 상 옆에서 화로에 전골틀을 올려놓고, 즉석에서 볶아 먹는 음식을 '전골'이라 하고, 주방에서 볶아 접시에 담아 상에 올리면 '볶음'이라 하였다. 그러나 근래에는 즉석에서 끓여 먹는 음식을 전골이라 말하며 오늘날 가정에서도 많이 만들어 먹고 있으나 외식업에서 일품요리로 많이 사용하고 있다(불고기전골, 해물전골 등).

볶음요리는 가능한 바닥이 두꺼운 용기를 사용하며 팬에 열이 올랐을 때 기름을 두르고 센 불에서 단시간에 볶아내는 것이 중요하다. 채소의 향미를 느끼기 위한 채소볶음이나 다른 재료의 볶음류를 만들기 위해서는 소량의 기름을 팬에 넣어 뜨겁게 달군 뒤 재빨리 볶아 단시간에 식혀야 색상이 유지되면서 고유의 맛을 느낄 수 있다. 특히 볶음요리에서 참기름은 불을 끄고 넣어야 고소한 향이 진하다.

(3) 찜, 선

찜과 선은 육류, 어패류, 채소류 등의 갖은 재료를 증기를 이용하여 쪄내는 음식을 말하며 일반적으로 찜은 육류 따위의 질긴 재료를 찌는 형태를 말한다. 선은 야채, 생선 등의 부드러운 식재료를 찌는 형태를 말한다. 찜솥의 물 분량은 용기의 40~50%가 적당하며 고기, 생선, 채소 등은 센 불에서 쪄내지만 달걀찜이나 두부찜같이 부드러운 재료를 찔 경우는 약한 불에서 쪄야 부드러운 찜요리를 만들 수 있다.

(4) 나물

나물은 부식류 가운데 가장 기본이 되는 음식으로 농경사회인 한국음식에서 빠지지 않는 음식이다. 생채와 숙채를 합쳐서 부르며 종류는 헤아릴 수 없을 정도로 매우 많다.

한국음식에서 나물의 조리법은 날것으로 이용되기도 하지만 대부분 익혀서(1% 정도의 소금물) 사용한다. 익혀서 사용하는 이유는 나물이 가지는 불순물의 제거와 영양적 상승효과를 높이기 위함이다. 대개의 푸른 채소들은 소금을 넣은 끓는 물에 파랗게 데쳐 내어 갖은양념하여 볶거나 무친다. 소금을 넣는 이유는 색깔을 선명하게 하고, 밑간을 들이기 위함인데 나물에 양념할 경우 밑간이 되어 있지 않으면 소위 양념이 겉돌게 되어 맛이 없다. 나물을 볶거나 무칠 때는 참기름, 들기름을 이용하여 향미와 소화력을 높인다.

또한 나물을 데쳐 보관할 때는 완전히 식혀서 차가운 물속에 담가 냉장 보관해야 한다. 열감이 남아 있는 상태에서 보관할 경우 변색될 우려가 있기 때문이다. 특히 우엉이나 연근 등의 근채류는 껍질을 벗길 경우 갈변현상이 일어나므로 식초물에 담갔다 조리하고, 아린 맛이 나는 채소(죽순)는 쌀뜨물을 이용하면 나쁜 냄새와 변색을 방지할 수 있다.

(5) 조림, 초

조림은 기본적으로 약하게 간을 하여 중불이나 약불로 끓이다가 마지막에 센 불을 이용하여 윤기와 향미를 더해주는 조리법으로 대중들이 어려워하는 조리법 중 하나이다. 주로 육류나 생선, 채소를 양념간하여 조린 후 저장해 두고 먹는 음식이다. 한국음식에서 초(炒)는 볶거나 조림처럼 조리는 음식으로 싱겁게 간을 하여 나중에 녹말을 풀어 넣어 국물 없이 윤기가 있게 조리는 것으로 홍합과 전복, 소라 등의 패류를 많이 이용하며 재료의 특성에 따라 녹말을 넣지 않고 조리하는데, 일반적으로 초와 조림은 동의의 조리법으로 생각해도 무방할 듯하다. 특히 조림은 주재료와 국물의 맛이 서로 어우러져야 하므로 국물을 싱겁게 하여 재료가 잠길 정도로 붓고 처음에는 센 불에서 끓이다가 끓으면 불을 약하게 하여 중간불이나 약한 불에서 국물을 끼얹어가며 조린다. 나쁜 냄새를 제거하고 질감을 좋게 하기 위해서는 뚜껑을 열고 조리하도록 한다. 특히 육류 조림의 경우는 양념장을 2~3회 나누어 넣고, 생선의 경우는 조림장이 끓은 후 생선을 넣고 조려야 생선의 원형을 살리면서 맛이 좋다.

(6) 전유어, 지짐

전(煎)은 기름을 두르고 지졌다는 뜻으로 보통은 전유어, 저냐, 전(煎)이라고 부르나 궁중에서는 "전유화"라고 하였다. 전을 예쁘게 지져 내려면 맨 처음 기름의 양을 적게 하여 모양을 잡고, 어느 정도 익었을 경우 기름을 넉넉히 둘러 색을 낸다. 부쳐 낸 전은 따뜻한 것을 겹쳐 담으면 계란 옷이 벗겨지기 때문 채반에 꺼내어 한소끔 식혀 담는다.

(7) 구이

한국음식의 부식류 중 미각적인 측면에서 가장 선호도가 높은 조리법 중 하나로 외식업에서 일품요리로도 많이 사용된다. 대표적인 요리에는 불고기가 있으며 불고기의 기원은 중국의 『수신기(搜神記)』에서 맥적으로 표현된다. 여기에서 "맥(貊)은 고구려를 뜻하고, '미리 조미하여 굽다'라는 의미가 내포"되어 있다. 불고기는 근래에 와서 생긴 말이며 예전에는 너붓너붓하게 저며서 굽기 때문에 '너비아니'라고 하였다.

불고기는 등심 부위를 애용하여 왔으나, 등심 부위가 경제적으로 비용이 많이 들기 때문에 수입산 등심이나 앞다리 살, 홍두깨 살, 목 살 등을 이용하여 갖은양념에 재워뒀다가 먹는 경우가 많은데 불고기의 참맛을 느끼기 위해서는 좋은 고기를 이용한 주물럭 형태의 요리법을 사용할 것을 권한다. 등심 부위가 아닌 앞다리 살 같은 부위는 근육이 발달되어 있어 이를 부드럽게 하기 위해 고기를 두드려주거나 연육제(배, 파인애플)를 사용하는 조리법이 필요하다. 고기에 양념하지 않은 소금구이의 형태를 "방자구이"라 하였다. 구이는 불의 온도와 굽는 정도에 따라 풍미가 달라진다.

재료와 불의 유격은 7~10cm 정도가 적당하며 재료에 따라 불의 세기를 달리한다. 즉, 수분이 많은 재료는 센 불에서 굽고, 부피가 크거나 늦게 익는 재료는 약불에서 천천히 굽는다. 고추장 양념 같은 양념을 입혀 굽는 경우는 1차 초벌구이에서 95% 이상 익히고 양념을 바른 후에는 코팅시켜 준다는 개념으로 센 불에서 양념장만 익혀준다.

(8) 적

육류와 채소 등을 양념하여 꼬치에 꿰어 구운 것을 '적(炙)'이라고 하며 익히지 않은 재료를 꿰어서 굽거나 지지는 것을 산적, 재료를 각각 양념하여 익힌 다음 꼬치에 꿴 것을 누름적이라 부른다. 지짐 누름적은 재료를 꼬치에 꿰어 전을 부치듯이 지짐옷을 입혀서 지진 것을 말한다.

(9) 회, 숙회

회는 육류나 어패류, 채소류를 생것으로 혹은 살짝 데쳐서 초고추장이나 겨자집, 소금 기름에 찍어 먹는 음식이다. 회로 사용하는 음식은 무엇보다도 신선함이 가장 중요하며 옛날 조리서를 살펴보면 민어, 해삼, 조개, 굴 등을 회로 먹었던 기록이 있는 것으로 보아 예전부터 생선회를 즐긴 것으로 짐작할 수 있다. 어류와 채소를 끓는 물에 익힌 것을 숙회, 소의 내장(간, 천엽)을 갑회라 불렀다.

(10) 장아찌(장과)

장아찌는 제철 채소를 오래 저장하여 두고 먹을 수 있도록 간장, 고추장, 된장 또는 식초에 담가 놓은 것이다. 장아찌로 쓰이는 재료는 마늘, 깻잎, 도라지, 더덕, 취나물, 고추 등이 주로 사용되며 근래 외식업에서도 가공식품으로 만들어 통신 판매를 많이 하고 있다.

(11) 튀각, 부각

튀각은 해조류, 야채류를 기름에 튀긴 것이고, 부각은 재료를 말리거나 찹쌀풀이나 밥풀을 묻혀서 말렸다가 튀긴 반찬으로 고추부각, 깻잎부각, 김부각 등이 있다.

(12) 떡

떡은 곡식의 가루를 찌거나 익힌 뒤 모양을 빚어 먹는 음식으로 주로 찹쌀이나 멥쌀이 사용된다. 떡의 조리법상의 분류는 시루떡처럼 증기를 이용하여 찌는 떡과 인절미처럼 떡메 같은 것을 이용하여 치는 떡, 송편같이 쌀가루를 반죽하여 빚어 찌는 떡, 화전처럼 기름에 지져 내는 떡으로 분류할 수 있다. 특히 화전은 찹쌀가루를 익반죽하여 꽃을 붙여 기름에 지진 떡으로 봄에는 진달래, 여름에는 장미, 가을에는 국화를 이용하여 멋스러움을 더하였다.

(13) 한과

한과는 유교사상에 기반한 제례문화와 관련이 깊다. 과일이 없는 계절에 곡물의 가루와 꿀로 과일 형태를 만들어 제사상에 올렸으며 종류를 살펴보면 아래와 같다.

유밀과	곡식의 가루를 반죽하여 기름에 지지거나 튀긴 것(쌀가루)
다식	가루 재료를 꿀이나 조청으로 반죽하여 다식판에 찍어내는 것(송홧가루, 흑임자가루, 콩가루 등)
정과	익힌 과일이나 뿌리 등의 재료를 조청이나 꿀에 조린 것(사과, 인삼, 도라지 등)
과편	과일을 삶아 걸러 굳힌 것(앵두, 포도 등)
숙실과	과일을 익혀서 다른 재료와 섞거나 조려서 만든 것(밤, 대추 등)
엿강정	견과류나 곡식을 중탕한 조청에 버무려 만든 것(호두, 잣 등)

(14) 음청류(화채, 차)

화채와 차는 우리나라 고유의 전통음료로서 식후나, 간식으로 많이 애용되어 왔다. 화채는 꿀이나 설탕을 탄 오미자 국물에 계절 과일 또는 꽃잎과 실백을 띄워 내는 음료(오미자화채, 진달래화채, 원소병 등)이며, 차는 전통적으로 열매, 꽃잎, 곡류, 근채류(우엉, 연근, 국화 등) 등을 이용한다.

4. 한국음식의 상차림

우리나라의 전통 상차림은 일반적으로 한상 차림 즉 공간배열형의 개념으로 발전하여 왔는데 사람 혹은 행사의 성격에 따라 명칭이 달라진다.

1) 반상(飯床) 차림

- 밥과 반찬을 위주로 하여 차려내는 상차림으로 찬은 조리법·재료·색상 등을 고려하여 구성된다.
- 반상에는 3첩, 5첩, 7첩, 9첩, 12첩이 있는데, "첩"이란 접시에 담는 반찬의 수를 의미하고, 첩 수에 포함되지 않고 기본적으로 차려지는 음식에는 밥, 국, 김치, 찌개, 장류가 있다.
- 옛날 궁중에서는 수라상에 차려지는 음식을 보고 지방의 작황상태를 짐작하였다.
- 우리 조상들은 반상차림을 할 때 식재료의 중복을 피하고, 조리법을 다양하게 하여 합리적인 영양 섭취와 풍미를 더하였다.
- 궁중식에서는 밥보다는 반찬을 위주로 먹었으며 지금과는 달리 밥을 입가심의 형태로 먹었다.
- 찌개가 2가지일 경우 토장조치와 맑은 조치를 올린다.
- 김치는 마른 김치와 물김치 2종을 준비한다.

➕ **반상차림의 규범**

내용구분	반찬 수에 포함되지 않는 기본음식							반찬 수에 포함되는 음식									
	밥	국	김치류	장류	조치류	찜/선	전골	생채/숙채(나물류)	구이	조림	전	마른반찬	장과	젓갈	회	편육	수란
3첩	1	1	1	1				선택 1	선택 1			선택 1					
5첩	1	1	2	2	1			선택 1	1	1	1	선택 1					
7첩	1	1	2	3	2	선택 1		1	1	1	1	선택 1			선택 1		
9첩	1	1	3	3	2	1	1	1	1	1	1	1	1	1	선택 1		
12첩	1	2	3	3	2	1	1	1	1	2	1	1	1	1	1	1	1

반상을 차릴 때 기본원칙은 장류를 상차림의 중앙에 놓고, 좌석을 기준으로 오른쪽으로 뜨거운 음식을 두고 아래로 내려올수록 국물이 많은 음식이 오게 된다. 이것은 대접받는 사람이 음식 섭취 시 불편함이 없도록 과학적으로 동선 배열을 한 것으로 조상들의 배려의 문화를 느낄 수 있다.

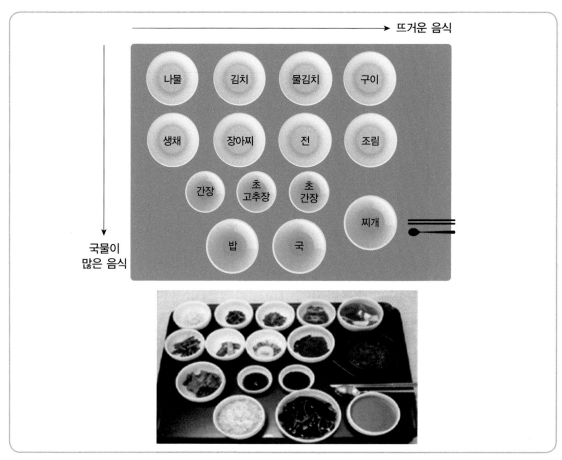

5첩 반상 반배도

2) 죽상 차림

응이, 미음, 죽 등의 유동식을 중심으로 하고 국물김치(동치미, 나박김치)와 젓국찌개, 마른 찬 등의 간이 약한 찬을 낸다. 죽은 그릇에 담아 중앙에 놓는다.

3) 장국상(면상, 麵床) 차림

면류를 주식으로 하여 차리는 상을 면상이라 하며 점심으로 많이 이용한다. 점심을 "낮것상"이라 불렀으며, 주식으로 온면, 냉면, 떡국, 만둣국 등이 오른다. 부식으로는 일반적인 찬류가 제공된다.

4) 주안상(酒案床) 차림

술을 대접하기 위해서 차리는 상차림으로 안주는 술의 종류, 손님의 기호를 고려해서 준비한다. 보통 마른안주와 전, 편육 등이 제공되고, 국물음식(매운탕, 전골)을 추가하면 좋다.

5) 교자상 차림

근래의 연회 상차림이라 생각하면 된다. 명절이나 잔치, 또는 회식 때 많은 사람이 함께 모여 식사할 경우에 차리는 상이다. 음식의 종류를 많이 하는 것보다 중심이 되는 요리를 위주로 하고, 기본 상차림에 조화가 되도록 재료선정, 조리법, 영양 등을 고려하여 몇 가지 다른 요리를 만들어 곁들이는 것이 좋은 방법이다.

➕ 상차림의 종류

반상(飯床) 차림	밥과 반찬을 위주로 하여 차려내는 밥상차림으로 어린 사람에게는 밥상, 윗사람에게는 진지상, 임금님에게는 수라상이라 부른다. 전통적으로 독상이 기본이고, 찬은 조리법·재료·색상 등을 고려하여 구성된다. 반상을 차릴 때는 장류를 상차림의 중앙에 놓고, 좌석을 기준으로 오른쪽으로 뜨거운 음식을 두고 아래로 내려올수록 국물이 많은 음식이 오게 된다. 이것은 대접받는 사람이 음식 섭취 시 불편함이 없도록 과학적으로 동선 배열을 한 것으로 조상들의 배려의 문화를 느낄 수 있다.
죽상 차림	유동식을 중심으로 하고 국물김치(동치미, 나박김치)와 젓국찌개, 마른 찬 등의 간의 세기가 약한 찬을 낸다.
장국상(면상) 차림	면류(만두)를 주식으로 하여 차리는 상으로 점심(낮것상)으로 많이 이용한다.
주안상 차림	술을 대접하기 위해서 차리는 상차림으로 안주는 술의 종류, 손님의 기호를 고려해서 준비하며 마른안주와 전, 편육 등이 제공된다.
교자상 차림	명절이나 잔치, 또는 회식 때 많은 사람이 함께 모여 식사할 경우에 차리는 상차림으로 잔치상으로 의미를 부여할 수 있다.

김치류	냉채	정과류

후식류	수단 / 다식	떡케이크
곶감오림	주안상	반상차림

출처 : 2013 대한민국 국제요리경연대회 작품

6) 한정식(韓定食 : Korean Table d'hote)이란

한정식(韓定食)이란 한국의 전통적인 飯床[반상(한상)]차림을 근간으로 하여 음식의 영양과 맛, 색상, 온도, 조리법 등의 다방면에서 조화를 이루어 계절과 지역, 기호에 맞게 한상 가득히 차려내는 음식을 말한다. 그러나 한정식(韓定食)이라는 용어는 조선 후기까지는 없었던 것으로 보이며 1980년대 말 한국 경제가 발전하면서 서양식 코스 요리의 형태로 제공되는 한식 전문식당이 생겨나게 됨에 따라 서양의 코스 요리(시간전개형)에 대응하여 행정적 편의를 위해 생성된 말로 추정되고 있다. 근래 한국 조리외식시장에서 사용되고 있는 한정식이라는 업태는 기존의 전통적인 한상차림 형태와 서양의 코스 요리처럼 전채요리를 시작으로 주요리와 밥과 찬, 후식이 제공되는 시간전개형의 두 가지 형태로 운영되고 있다.

● 고급음식점[한정식(韓定食)]에서의 시간전개형(Course) 메뉴 구성

1. 시절 죽 (Porridge)
2. 전채요리 (Appetizer, Salad, 冷菜)
3. 전유화 (Korea Pancake)
4. 생선요리(조림, 구이, 찜, 볶음) (Fish : Grilled, Braised, Stir-fried)
5. 육류요리(조림, 구이, 찜, 볶음) (Meat : Grilled, Braised, Stir-fried)
6. 진지와 국 & 김치와 찬 (Cooked Rice and Soup With Kimchi & Side Dishes)
7. 계절과일 (Fresh Fruits)
8. 전통차 & 전통떡 (Traditional Korean Tea & Rice Cake)

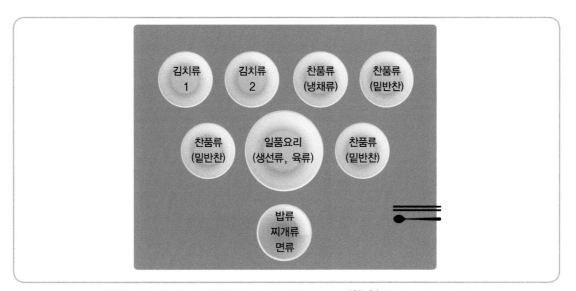

일반음식점[일품요리]에서의 공간배열형 반상(飯床)차림의 메뉴 구성

5. 한국음식 기초 썰기와 재료 손질법

1) 한국음식 기초 썰기

음식을 만들려면 일차적으로 주재료 혹은 부재료로 이용되는 식품들을 일정한 모양이나 형태로 썰기(성형)를 해야 한다. 이것은 음식을 만들어 먹는 과정에서 음식을 익히기 위한 열의 전달은 물론 음식의 모양과 형태를 결정하는 중요한 요소로서 어떤 문화권에서든지 조리법 혹은 섭취방법에 따라 자연스럽게 형성된 것이라 할 수 있다. 예를 들어 질긴 성질을 가진 재료를 조리하는 경우 식품을 오래도록 가열해야 하는 조리법의 특성상 재료의 형태 또한 덩어리지거나 크기가 커질 수밖에 없으며 조리원리적인 측면에서 오이를 돌려깎기한다는 의미는 모양을 보기 좋게 하는 목적과 더불어 오이 내부의 씨가 함유하고 있는 수분을 제거하고 겉껍질을 사용하기 위함이다.

채 썰기	다져 썰기	어슷 썰기	둥글게 썰기
국수류 혹은 나물류의 부재료로 사용하는 썰기법으로 채칼보다는 조리용 칼로 써는 것이 풍미를 살릴 수 있다.	양념에 넣어 사용하거나 다진 생선류 혹은 다진 육류에 부재료로 사용한다. 근래 대용량 조리 시 기계를 이용하는 경우가 많은데 작업량에 부담이 될 수 있으나 가능한 칼로 다지는 것이 즙액의 풍미를 느낄 수 있다.	생선찌개나 나물류를 무치는 데 사용하는 썰기법이다.	무침류나 볶음용으로 많이 이용한다.

나박 썰기	돌려깎기	네모 썰기	막대 썰기
살짝 볶아서 무치거나 나박김치용으로 음식을 만들 때 사용한다.	오이나 당근의 씨나 심을 제거할 때나 채썰어 사용할 때 사용하는 썰기법이다.	크기에 따라 용도를 달리하나 볶거나 오래도록 끓이는 요리에 사용한다.	부재료로써 무침용으로 사용하거나 말려서 사용할 때 이용하는 썰기법이다.

얄팍 썰기	은행잎모양 썰기	마름모 썰기	골패 썰기
얇게 썰어 무치거나 볶음용, 전골용으로 사용한다.	찜류나 조림류 등에 모양내어 익힌 후 고명 등으로 사용한다.	얇게 썰어 고명으로 많이 사용한다.	무침용이나 볶음용 전골류 등에 많이 이용한다.

너붓 썰기	눈썹 썰기	마구 썰기	밤톨 썰기
얇게 썰어 전골용 조림류에 많이 사용한다.	씨를 제거한 후 볶음용이나 무침류에 많이 사용한다.	찜류나 튀김류에 부재료로 많이 이용한다.	찜류나 조림류 등 오래도록 열을 가하는 조리에 사용한다. 조리 시 각진 부분이 부서질 염려가 있으므로 모서리를 다듬어준다.

수분을 제거함으로써 모양은 물론 메뉴의 저장성을 높이기 위한 행위이다. 따라서 음식을 만드는 사람들은 메뉴 혹은 조리법에 따른 재료의 썰기를 통해 모양이나 크기 등의 형태를 효과적으로 결정해야 한다. 한국음식은 재료만큼이나 조리법이 다양하기 때문에 매우 다양한 형태의 썰기법을 가지고 있다.

2) 한국음식 재료 손질법

(1) 육류(소고기, 돼지고기, 닭고기)

음식을 조리함에 있어 재료의 손질법은 전체적인 음식의 풍미를 결정짓는 중요한 요소이다. 맛있는 음식을 만든다는 것이 조리원리에 입각한 숙련된 조리기술에 의해 맛이 결정된다고 볼 때 재료의 기초 손질법은 중요한 의미로 다가온다.

육류 조리 시 우선적으로 고려해야 하는 부분이 좋지 않은 냄새의 제거이다. 음식의 좋지 않은 냄새의 원인은 기본적으로 노령의 육질이거나 조리 시 핏물을 잘 제거하지 못한 데서 원인을 찾을 수 있다. 따라서 육류 조리의 첫 번째 단계는 신선하고 좋은 품질의 육질이라 할지라도 고기 자체의 핏물을 잘 제거해야 한다. 덩어리 고기의 경우 흐르는 물이나 일정시간 동안 물에 담가 핏물을 제거한 후 조리하면 냄새 제거는 물론 색도 고와지며 육류에 남아 있을지도 모르는 발색제 등의 보존제를 제거할 수 있다. 특히 냉동육의 경우에는 해동의 방법이 무엇보다 중요하다. 기본적으로 냉동육은 냉장육보다 풍미가 떨어지는 것이 사실이다. 이유는 고기가 냉동되는 과정에서 세포가 파괴되어 해동 시 지미성분이 빠져나오기 때문인데 냉동육을 사용할 때는 철저한 사전 조리계획에 맞추어 냉장고를 이용해 자연해동 후 핏물을 제거해야 좋은 풍미의 음식을 만들 수 있다. 대개의 경우 습열조리(찜, 조림 등)를 하는 경우는 흐르는 물이나 일정시간 물에 담가 핏물을 제거해도 되지만 건열조리(구이, 볶음 등)를 해야 하는 경우에는 가능한 물에 담그지 말고 한번 세척한 후 깨끗한 마른행주를 이용해서 핏물을 제거하는 것이 바람직하다.

육류의 부산물 중에서 양을 손질할 때는 밀가루와 소금을 넣고 주물러 깨끗하게 씻은 후 끓는 물에 데쳐낸 다음 양파, 대파, 마늘, 생강, 셀러리, 월계수 잎 등의 향미채소를 넣고 무르도록 삶아 사용하고, 곱창의 경우는 기름기를 제거한 후 수도꼭지에 끼워 속을 훑어 내리면서 물로 씻고 곱창을 둘러싸고 있는 얇은 막을 벗기는데 이렇게 하면 곱창 속에 들어 있는 일명 '곱'이라고 하는 부분까지 소멸될 수 있다. 곱은 곱창의 풍미를 결정하는 중요한 부분인데 건강이냐 맛이냐를 놓고 고민해야 하는 부분이기도 하다. 이렇게 손질한 후 소금을 이용하여 주물러 씻어 향미채소를 넣고 무르도록 삶아 사용한다. 천엽의 경우는 하얀색 부위의 불순물을 잘 제거하고 소금과 밀가루로 잘 주물러 씻은 뒤에 사용한다. 천엽회로 제공할 때는 가급적 차게 해야 특유의 좋지 않은 냄새를 느끼지 않게 된다.

돼지고기의 경우는 감칠맛이 좋고 육질이 연하나 특유의 독특한 냄새가 나므로 조리할 때 마늘이나 생강, 대파 등 향신채소와 술을 이용해서 냄새를 없애준다. 돼지고기는 연분홍색을 띠며 윤이 나는 것이 신선한 것으로 적당히 끈기가 있어 절단할 때 칼에 살짝 달라붙는 것이 좋다.

닭고기는 껍질에 털구멍이 울퉁불퉁하게 튀어 나왔으며 크림색을 띠는 것이 좋다. 고기의 껍질이 단단히 붙어 있고 탄력 있는 것을 선택한다. 특히 꽁지 쪽에 붙어 있는 기름기는 반드시 잘라내고 사용한다.

(2) 수산물

수산물의 조리 역시 가장 중요한 요소가 비린내를 제거하는 것으로 세척만 잘해도 생선은 어느 정도의 비린 맛을 제거할 수 있으며 특히 뼈 부분의 죽은 피를 잘 제거해 준다. 표면의 끈적끈적한 점액 등을 잘 제거하고 레몬이나 식초, 대파, 마늘, 생강 등의 향미채소를 이용한다. 또한 조미용 술의 사용은 조직을 단단하게 하고 비린내를 제거하는 데 용이하다. 그리고 생선을 2장 뜨기나 3장 뜨기 등으로 손질하였을 경우는 가급적 물로 세척하지 않는다. 이때 물로 씻으면 영양 손실은 물론 비린내가 날 염려가 높다.

조개류는 모시조개의 경우 3%의 소금물에서, 바지락조개는 맹물에 담가 해감하는데 이때 뚜껑을 덮고 어두운 곳에서 해감하도록 한다.

(3) 채소류

대다수의 잎 채소류는 수분이 묻으면 빨리 상하므로 조리하기 직전에 씻어서 사용하는 것을 원칙으로 하며, 보관할 때는 깨끗한 종이에 싸서 서늘한 곳이나 냉장고에 보관하는데 이때 사용되는 냉장고는 워크인 냉장고(Walk-In Refrigerator)나 냉장고 내부에 프로펠러를 이용해서 공기의 순환을 시켜주는 냉장고가 채소를 오래도록 보관하기에 적당하다. 우엉이나 연근 같은 뿌리채소는 껍질을 제거하면 변색될 염려가 있으므로 식초(醋)물에 담갔다가 사용하며 감자의 경우는 물에 헹구어 전분질을 제거하고 조리하는 것이 좋다. 토란은 소금으로 문질러 씻어 쌀뜨물을 이용하여 삶으면 특유의 아린 맛을 제거할 수 있다. 양파나 마늘의 껍질을 벗길 때는 껍질째 물에 담가 벗기면 매운맛이 덜하다. 버섯류는 물로 세척하지 말고 이물질을 털어내고 사용해야 향미를 느낄 수 있다. 마른 표고버섯 불린 물은 찌개의 육수로 사용하면 좋으나 마른 표고버섯 특유의 향을 싫어하는 사람도 있으니 유념한다.

(4) 묵은 나물(오가리) 만들기

한국의 조상들은 사계절이라는 기후적 특성에 의해 채소류를 겨울 동안 보존하고 사용하기 위해 건조 및 소금 절임(염저장법)의 방법을 사용하여 왔다. 이러한 건조법과 소금 절임의 방법은 채소류 본연의 성질을 유지하면서 장시간 보존을 가능하게 하였으며 특히, 건조법의 경우 호박, 가지, 무 등을 24절기 중 '백로(白露)'가 지나면 썰어서 말려 두었다가 햇나물이 나올 때까지 나물로 볶아 겨울철에 섭취하였다. 대표적인 것이 시래기로서 시래기는 무청 말린 것을 말한다. 무청은 그대로 말리기도 하고 소금물에 데친 후 물기를 제거하고 바람이 잘 통하는 그늘진 곳에서 말린 후에 사용한다. 무는 먹기 좋은 크기로 썰어 바람이 잘 드는 곳에서 말려서 사용하고 더덕과 도라지는 방망이로 두들긴 다음 찬물에 담가 아린 맛을 우려내고 끓는 물에 잠깐 데친 후 소금이나 간장으로 양념한 후 하루 정도 재웠다가 말려서 사용한다. 쑥은 살짝 데친 후 물기를 제거하고 바람이 잘 드는 곳에서 건조한다. 가지와 표고버섯은 데치는 과정 없이 바람이 잘 통하는 곳에서 뒤집어가며 말리고 애호박의 경우는 두께가 0.4~0.6cm 정도 되게 잘라 그대로 채반에 널어 바람이 잘 통하는 그늘에서 말린다. 대부분의 산나물(곤드레나물, 취나물, 고사리)은 특유의 아린 맛을 제거하기 위해 쌀뜨물에 소금을 넣고 데친 후 물기를 제거하고 잘 뒤집어가며 말려서 사용한다. 소금 절임의 경우는 삼투압작용에 의해 미생물 생육억제는 물론 자가 효소 작용 및 발효의 과정을 거쳐 아미노산 및 젖산을 생성하여 김치류나 젓갈류 같은 발효가공식품을 가능케 하였다.

(5) 묵은 나물(오가리), 건해삼 불리기

건조한 식품을 불릴 때는 건조도에 따라 불리기만 하거나 삶은 후 불려서 사용해야 하는 경우가 있다. 두류 중 적두(팥)나 녹두를 제외하고 대부분의 콩은 하룻밤 물에 불린 후 삶아서 사용한다.

무말랭이는 미지근한 소금물에 씻은 다음 물기를 제거해서 사용한다.

시래기는 깨끗하게 씻어 일정시간(20~30분 정도) 불린 다음 삶아서 사용한다. 그러나 삶아도 충분히 불려지지 않고 쏩쏠한 맛이 남아 있을 경우에는 삶아낸 시래기를 다시 물에 담가 쏩쏠한 맛을 제거하고 사용한다.

표고버섯은 미지근한 물을 넉넉히 붓고 약간의 설탕을 넣고 불리면 향이 살아 있으면서 부드럽게 불려진다.

고사리는 깨끗이 손질하여 씻은 후 따뜻한 물에 2~3회 정도 반복해서 불려야 어느 정도 부드러워진다. 이후 다시 넉넉한 물에 삶아 제 물에 그대로 식히면 부드러워진다.

호박오가리는 따뜻한 물에 불려서 물기를 제거하고 바로 볶아 사용한다.

건어물은 좋지 않은 냄새가 날 때는 쌀뜨물에 담가두면 나쁜 맛이 사라진다.

마른 홍합과 조갯살은 미지근한 물에 소금과 설탕을 넣고 불려서 사용한다.

건해삼은 냄비에 충분한 양의 물을 넣고 끓인다. 물이 끓어오르면 불을 끄고 제 물에서 불린다. 건해삼의 건조도에 따라 먼저 불려지는 것과 나중 불려지는 것이 있으므로 먼저 불려지는 것 부터 사용하고 나중에 불려지는 것은 물을 끓였다 식혔다를 반복하며 불려서 사용한다.

6. 한국음식의 양념(藥念)과 목(目)측량, 고명(Garnish)

1) 한국음식의 양념(藥念)

조리외식산업 현장에서 근무하다 보면 어떻게 하면 고객의 입맛과 취향을 사로잡을 수 있을까? 라는 본질적인 의문을 갖게 된다. 메뉴가 멋스러우면서 모든 고객이 좋아하도록 조리한다는 것은 외식업에 종사하는 모든 조리사들의 바람일 것이다. 그러나 저자가 오랫동안 외식업에서 근무해 본 경험론적인 것을 이야기하면 '조리에는 왕도가 없다'는 것이다. 음식을 만드는 데 있어 많은 사람들이 노하우(know-how)를 이야기한다. 즉, 조리에 있어 남들이 모르는 어떠한 식재료라든지 혹은 특이한 조리방법이 존재할 것이라 생각하게 되는데 재료적인 측면이나 조리방법적인 측면에서 이러한 방법이 일정부분 존재할 수 있겠으나 음식을 맛있게 조리한다는 것은 기본적인 조리원리의 이해와 식품 재료의 특성을 우선적으로 파악하는 것, 그리고 숙련된 조리기술과 경험이 축적되었을 때 가능하리라 여겨진다. 또한 훌륭한 음식은 고객의 취향과 시대의 흐름에 따라 변화하며 직접 조리하는 조리사의 역량을 벗어나는 경우도 많다. 지역적인 특성과 인구분포(성별&나이)적인 특성 모든 것이 이러한 음식의 맛을 좌우하는 범주에 포함된다. 따라서 현대 외식산업에 종사하는 사람들은 시대의 흐름과 새로운 조리기술 그리고 재료적인 측면에서 먹거리의 궁합을 찾아내는 데 더욱더 노력을 기울여야 할 것으로 생각된다. 특히 한국음식의 맛을 좌우하는 것은 양념이다. 양념은 한문으로 '약념(藥念)'으로 표기하며 "먹어서 몸에 약처럼 이롭기를 염두에 둔다"는 뜻으로 그 종류로는 간장, 소금, 된장, 고추장, 식초, 설탕 등의 조미료와 고춧가루, 마늘, 생강, 겨자, 후추 등의 향신료로 나눌 수 있다. 특히 한국의 음식은 조림류, 구이류, 무침류 등의 조리법이 일상화되어 있기 때문에 옛말에 "그 집 음식 맛은 장(醬)맛이 좌우한다"는 말이 있듯이 장(醬)은 한국음식의 맛을 결정하는 데 매우 중요한 역할을 한다. 한국의 양념은 전통적으로 단맛, 쓴맛, 짠맛, 신맛, 매운맛이라는 다섯 가지 오미(五味)를 기반으로 장류가 태동되고 결국에는 감칠맛이라는 새로운 맛이 창출되기도 하였다. 그러나 이러한 오미의 양념보다 음식의 맛을 좌우하는 근본적인 요인은 원재료, 즉 원물이 좋아야 한다는 것이다. 아무리 과학적인 식품의 조리 저장기술과 식품가공기술이 발전하고 양념을 배합하는 기술이 좋다 할지라도 시장기를 느낄 때 갓 지은 밥이 제일 맛있는 음식이듯 결국 제철에 나는 신선한 재료의 맛을 양념의 맛으로 대체할 수는 없을 것이다.

그러나 외식산업을 운영하다 보면 제철에 나는 식재료 혹은 질이 좋은 재료만을 구입해서 사용하기에는 원가적인 요소를 비롯해 수많은 제약이 따르기 마련이며 이에 대한 해결책으로 양념의 배합 및 가공기술이 필요하게 된다. 따라서 음식을 조리할 때 가장 중요시해야 할 요인은 일차적으로 신선한 제철 재료를 구입하는 데 있으며 이러한 구매 활동이 어려울 때 대체 방안으로 양념의 조미기술이 필요함을 인지하고 음식 조리 시 필요한 양념의 특성에 대하여 알아보도록 하자.

(1) 소금

소금은 기본적으로 음식의 염도를 조절하는 데 사용되며 아울러 방부제 역할과 재료를 단단하게 해주는 역할을 한다. 호렴은 굵은소금을 이야기하며 간수를 빼서 장을 담그거나 김장과 젓갈을 담글 때 혹은 생선을 절일 때 주로 사용한다. 재렴은 재제염이라고도 하며 꽃소금이라 부르기도 하는 하얗고 고운 소금이다. 일반적인 조리용으로 사용된다. 맛소금은 1~2% 정도의 화학조미료를 첨가한 것을 이야기한다. 소금의 적당량 이용은 건강한 삶의 원천이 된다.

소금의 기능 : 소화작용, 해독작용, 노폐물 제거, 산화방지, 삼투압작용, 효소정지작용, 단백질의 용해 및 응고, 방부효과로서의 기능을 한다.

(2) 간장

간장은 콩(메주)을 소금물에 발효시켜 만든 조미료로서 한국음식의 맛을 결정하는 핵심 양념이다. 아미노산이 풍부하게 들어 있으며 메주와 소금을 이용해서 전통적인 방법으로 만들어내는 간장을 조선간장, 국(집)간장이라 부르며 담근 지 1년에서 2년 정도 되는 맑은 장을 청장이라 부른다. 청장은 주로 나물무침이나 맑은국을 끓일 때 사용하며 이러한 청장을 몇 년 정도 더 숙성시켜 진한 맛과 풍부한 향을 만들어 내는 것을 진장 혹은 진간장이라 부른다. 시중에서 많이 판매되는 양조간장은 왜간장 또는 개량간장이라 부르며 보리 혹은 밀을 볶은 콩에 넣어 6개월에서 1년 정도 숙성하여 만든다. 이외에 산 분해간장은 식용염산을 사용하여 단백질을 분해시켜 만들며 제작공정과 간장의 문제점이 없고 제작비용이 저렴한 편이다.

전통적인 방법으로 만든 진간장과는 별개로 시중에서 흔히 진간장이라 불리며 사용되는 간장은 혼합간장에 포함되며 양조간장과 산 분해간장을 혼합하여 만든다. 조미간장은 간장에 양파, 대파 등의 향신채를 넣어 풍미를 높인 것을 말하며 보통 조림이나 볶음, 구이 등에 많이 사용한다.

간장의 효능 : 간장의 메티오닌 성분은 체내의 유해한 물질(알코올, 니코틴)을 해독하고 정장작용을 도와준다. 또한 비타민의 체내합성을 촉진하고 대사조절을 통해 치아, 뼈, 세포를 조밀하게 해준다. 가공된 간장을 구입 시 총 질소함량(TN)을 확인하는데 TN은 콩에 들어 있는 아미노산의 비율로서 TN함량이 높을수록 감칠맛이 좋다.

(3) 된장

된장은 김치와 더불어 한국인의 식생활에서 없어서는 안 될 식품으로 외식산업에 있어서도 가공식품으로서의 중요성이 더해지고 있다. 특히 된장은 조상들의 지혜가 깃든 식품으로 단백질이 부족하던 시절 한국인의 영양을 책임지던 훌륭한 음식이다. 주로 찌개를 끓이거나 나물을 무칠 때 많이 이용되며 음식을 만들 때 좋지 않은 냄새를 제거해 주는 기능을 가지고 있다. 삼국시대부터 만들어

먹었던 것으로 추정되며 『본초강목』에서는 "개에게 물렸거나 끓는 물, 혹은 불에 데인 화상의 초기와 종기에 바르면 좋다."고 하였다. '성질이 냉(冷)하고 맛이 짜며(鹹) 독이 없어 독벌레나 벌에 쏘여 생기는 독을 풀어주는 민간요법(해독, 해열)으로도 널리 사용되어 왔으며 근래에는 항암식품으로 널리 알려지며 기능성식품으로서의 가능성을 인정받고 있다.

➕ 된장의 종류

막된장	장 가르기 후 부산물을 일컫는다.
막장	메줏가루에 녹말성 원료(보리나 밀) 등을 섞어 담근다. 속성된장이라 부르기도 한다.
담북장	콩을 볶아 메주를 띄워 고춧가루, 마늘, 소금 등의 양념을 넣어 익힌다.
즙장(汁醬)	밀이나 콩으로 쑨 메주를 띄워 수분이 많은 채소를 넣고 담근 장(초가을)을 말한다.
청국장	콩을 쑤어 볏짚과 40℃의 보온장소에 2~3일간 띄워 만든다.
집장	퇴비를 만드는 7월에 장을 만들어 두엄더미 속에 넣었다가 꺼내어 먹는 여름장이다.

이 밖에 토장, 생황장, 청태장, 두부장(豆腐醬), 생치장(生稚醬), 비지장(批之醬) 등이 있다.

✚ 된장 만들기

재료 : 대두, 생수, 소금, 숯, 대추, 고추, 장독(옹기)

1. 콩을 삶아 메주를 쑤어 2~3일간 말린 후 볏짚을 이용해 따뜻한 곳에서 한 달 정도 띄운다.

2. 메주를 띄우는 동안 미생물이 번식하여 메주가 알맞게 떴을 때 메주를 쪼개어 메주에 소금물을 붓고[메주콩(1) : 물(4) : 소금(0.8)] 참숯과 붉은 고추 말린 것을 띄운다.

3. 40~60일이 지난 후 메주를 건져 소금을 뿌리고 봉한 후 햇볕을 쬐어 숙성하면 된장이 된다.

※ 장 가르기 : 소금물과 메주를 분리하는 일(보통 장을 담근 지 40~60일 사이에 한다. 장 가르기를 빨리 하면 된장 맛이 좋고 늦게 하면 간장 맛이 좋아진다.)

숯과 장독(옹기)

된장을 만들 때 숯은 장맛을 변하게 하는 잡귀를 물리쳐 준다는 주술적인 의미와 더불어 살균효과에 의한 된장의 부패를 막아주는 역할을 한다. 또한 숯에 있는 작은 구멍들은 유익한 미생물이 잘 발효되도록 장소를 제공해 줌과 동시에 좋지 않은 냄새를 제거하고 숯에 들어 있는 미네랄성분이 된장 속에 충분히 녹아들어 된장의 맛을 증가시키는 역할을 한다. 장독은 눈에 보이지 않는 작은 숨구멍으로 햇볕은 들이고 수분은 내보내는 과정을 통해 발효의 균형을 맞추어주는 역할을 한다. 투박하고 표면이 거칠더라도 유약을 바르지 않은 항아리를 선택하는 것이 좋다.

된장의 영양

된장은 콩을 원료로 사용하기 때문에 단백질 함량은 물론 아미노산 구성비가 좋으며 소화율도 80% 이상에 이른다. 특히 필수아미노산인 lysine함량이 높아 쌀밥을 주식으로 하는 한국인의 식생활에 매우 적합한 식품이다. 특히 콩 지질은 발효 중 리놀레산(linoleic acid)이 많아지는데, 리놀레산(linoleic acid)은 항암효과가 큰 것으로 알려져 있으며, 피부병 예방은 물론 혈관질환 예방에 도움을 준다. 또한 된장의 지방산은 불포화지방산으로 콜레스테롤의 체내 축적을 방지하는 역할을 하며 된장은 생콩이나 삶은 콩에 비해 항돌연변이 활성이 크다. 암 예방효과는 된장을 끓인 후에도 유효하며 여러 종류의 발암원에 대해 항돌연변이 활성 또한 확인되었다. 또 다른 된장의 효능으로 고혈압에 이로우며 간 기능 강화는 물론 항산화작용, 해독작용, 당뇨개선, 노인성 치매예방 등 그 효능이 매우 다양하다. 된장의 깊은 맛을 느끼려면 1~2년 이상 잘 숙성시킨 된장이 맛과 영양 면에서 우수하며 청국장의 경우는 조리 시 마지막에 넣고 살짝 끓여 먹는 것이 좋다.

(4) 고추 · 고춧가루

고추는 윤이 나고 껍질이 두꺼운 것으로 고른다. 고추는 17세기 후반에 들어온 것으로 추정되며 고추의 빨간 빛깔은 캡산틴(capsanthin)이라는 성분이고 매운맛은 캡사이신이라는 성분이다. 한국에서 자라는 고추는 단맛과 매운맛의 조화가 잘 이루어진 것으로 알려져 있으며 고춧가루는 붉은 고추를 수확하여 건조한 후 사용하며 곱게 빻은 고춧가루는 고추장이나 조미료용으로 사용하고 굵게 빻은 고춧가루는 김장용이나 무침으로 많이 이용한다.

(5) 고추장

고추가 우리나라에 유입된 초기에는 향신료로 사용하였으나, 고추 재배가 널리 보급되면서 된장과 간장에 매운맛을 첨가시키는 방법으로 발달되었을 것으로 추정된다. 구이류, 장아찌류 조리방법에서 널리 애용되고 있으며 엿기름, 고춧가루 등을 사용하여 단맛과 매운맛이 한데 어우러진 독특한 전통 발효식품이다. 고추장은 쌀이나 찹쌀, 보리, 밀 같은 곡류에 콩을 섞어 만든 메줏가루와 고춧가루, 소금을 섞어서 만든다. 찹쌀로 담근 고추장은 찌개에 사용하고 조청으로 만든 고추장은 비빔장으로 많이 이용한다.

고추장의 효능 : 고추장은 소화를 촉진하고 고추장에 들어 있는 캡사이신(Capsaicin) 성분은 항균작용을 하며 노폐물 배설을 촉진함으로써 체지방을 감소시킴은 물론 질병 예방에 이롭다.

(6) 설탕

설탕은 흑설탕 · 황설탕 · 백설탕으로 나누어지며 당도는 색이 흰 것일수록 높다. 조리 시 음식에 광택을 주며 음식의 신맛과 짠맛이 강할 경우 이를 조절해주는 역할을 하고 질긴 식재료를 부드럽게 해주는 역할을 한다. 특히 말린 나물을 부드럽게 불리기 위해 나물을 불리는 과정에서 소량 첨가해 주면 부드럽게 불릴 수 있다.

(7) 마늘과 대파, 생강

한국음식의 대표적인 향신채소들로서 음식의 풍미를 더해주는 동시에 좋지 않은 냄새를 제거하는데 많이 이용된다. 보통 다져서 사용하며 대파는 생채류나 찌개요리의 고명으로도 많이 이용된다. 마늘의 알리신 성분은 고기와 생선의 누린내 혹은 비린내 제거에 좋고, 생강은 매운맛과 강한 향미성분으로 비린내가 나는 생선이나, 고기의 누린내를 제거하는 데 많이 이용된다.

(8) 양파

양파는 볶음과 무침 등에 다방면으로 이용되며 양념을 만들 때 곱게 갈아 사용한다. 유황성분이 많아 체내의 면역력 강화에 좋은 음식으로 볶음 등으로 가열하면 자체의 향이 빠지면서 단맛이 난다.

(9) 참기름과 깨소금

한국음식의 향미를 담당하는 재료로서 특히 무침 같은 나물요리에 들기름과 함께 필수로 사용되며 휘발성이 강하여 가열조리 시에는 마지막에 넣어야 향을 살릴 수 있다. 참기름의 경우 발연점이 낮아 튀김용으로는 적합하지 않다.

➕ **동물성 기름 & 식물성 기름**

식물성 기름	동물성 기름
대두유, 옥수수기름, 참기름, 들기름, 면실유, 유채유, 홍화유, 올리브유, 야자유, 미강유, 낙화생유, 피넛버터, 해바라기유 등 • 쇼트닝 : 식물성 기름에 수소를 첨가하여 만든 라드의 대용품으로 발연점이 높아 튀김용으로 사용이 가능하다.	• 쇠기름(우지), 버터, 마가린 • 라드 : 돼지의 지방조직을 정제해서 만든 기름

(10) 식초

곡물 또는 과실을 원료로 하여 만든 양조식초와 화학적으로 합성시킨 합성식초가 있으며 생선의 비린내를 제거하고 생선 같은 요리의 단백질 조직을 단단하게 해주는 역할을 한다. 또한 음식의 풍미를 더하여 식욕을 증진시키고 상쾌함을 준다. 특히 장류와 함께 한국의 대표음식인 장아찌류를 만들 때 방부작용과 함께 조미료로 많이 이용되며 차가운 음식, 생채, 겨자채, 냉국 등에 신맛을 내기 위해 사용된다.

(11) 후추

한국음식은 물론 서양음식에서 기본적으로 사용되는 양념으로 중세시대 서양에서는 화폐 대용으로 사용되기도 하였으며 후추를 확보하기 위해 전쟁도 불사할 정도였다. 한국에는 고려시대 때 유입되었을 것이라 짐작된다. 생선이나 고기의 누린내, 비린 냄새를 제거하는 데 사용되며 특히 음식의 맛을 증가시키고 입맛을 살려주는 역할을 한다.

후추의 효능 : 소화액을 분비하여 소화를 촉진하고, 정장작용을 비롯해 진통효과를 지니고 있다. 추위를 없애고 신장과 혈을 보강시켜 주며 동맥경화 등 순환기계통에 좋은 양념이다.

(12) 젓갈

젓갈은 어패류를 소금에 절여 염장해서 만드는 것으로, 삼면이 바다이면서 수산업이 발달한 남쪽지방의 온화한 기후에서 발달하였다. 젓갈류는 어패류의 단백질 성분이 분해되면서 특유의 향과 맛을 낸다.

식해(食醢)는 엿기름과 곡물을 어패류와 한데 섞어서 고춧가루, 파, 마늘, 소금 등으로 조미하여 만든 저장 발효 음식으로 가자미식해가 대표적이다.

2) 현대 외식시장에서의 한식당 양념 배합

한국음식의 맛을 한마디로 표현하면 '양념 배합에 따른 조화로운 맛'이라고 정의할 수 있다. 따라서 외식시장에서의 한국음식 양념 배합법은 맛있는 음식을 만들기 위한 가장 기본적인 조건이 된다. 맛있는 음식을 만들기 위해서는 먼저 신선하고 품질 좋은 재료를 사용해야 하는 것이 우선이지만 원가적인 측면에서 품질이 좋은 재료를 선택하지 못한 채 음식을 만들어야 할 경우 양념 배합의 중요성은 더욱 높아진다. 재료의 품질이 최상이 아니라 할지라도 재료의 특성에 맞는 양념이 잘 배합된다면 좋은 풍미를 가지는 메뉴를 만들 수 있는 기회가 될 수 있는 것이다. 아래 표에서 제시한 양념의 배합비는 한국음식을 대표하는 메뉴의 일반적인 배합비를 정리한 것이다. 제시된 배합비는 조리외식 현장에서 실질적으로 사용되는 배합비이며 독자들께서 새로운 메뉴를 개발할 때는 제시된 배합비를 바탕으로 주재료의 특성에 맞는 배합비를 개발해야 할 것으로 판단된다. 사실 양념의 배합이라는 것이 하나의 표준을 완성하기가 어려운 특징을 가지고 있는 것이 사실이다. 양념 자체의 특성이나, 양념을 사용하게 될 식품재료의 특성이 모두 상이하기 때문에 새로운 메뉴를 개발하거나 음식을 만들 때는 우선적으로 주재료의 식재료 특성을 파악하고 주재료에 맞는 양념을 선택하는 순서로 양념의 배합비를 만들어야 한다.

	물	간장	설탕	올리고당(물엿)	다진마늘	다진대파	깨소금	참기름	후춧가루	맛술
불고기	3~4	1	0.7 / 0.5 / 0.3 (육질의 품질이 좋을수록 설탕은 적게 사용하도록 한다.)	0.25	0.1	0.15	0.05	0.05	0.02	0.05
갈비구이	4~4.5	1	0.7 / 0.5 / 0.3 (육질의 품질이 좋을수록 설탕은 적게 사용하도록 한다.)	0.25	0.1	0.15	0.05	0.05	0.02	0.05
	쇠고기 불고기와 갈비구이의 경우는 육질에 따라 양파즙, 배즙, 키위즙, 파인애플즙을 함께 넣어 연육제로 사용하며 돼지고기의 경우는 생강과 후춧가루가 조금 더 들어간다.									
갈비찜	6~7	1	0.7 / 0.5 / 0.3 (육질의 품질이 좋을수록 설탕은 적게 사용하도록 한다.)	0.25	0.1	0.15	0.05	0.05	0.02	0.05
간장게장	4.5~5	1	0.7 / 0.5 / 0.3 (취향에 따라 당도를 달리함)	0.25	즙으로 이용	–	0.05	0.02	0.05
어패류조림	4~5	1	0.7 / 0.5 / 0.3 (취향에 따라 당도를 달리함)	0.25	0.1	0.15	0.05	0.05	0.02	0.05

	생수	간장	고추장	식초	설탕	소금	다진 마늘	발효겨자
생채용 양념				0.5	0.3~0.5	1		
냉채용 양념	2	1		1	1	0.2	0.3	0.3
초간장	1	1		0.5	0.5			
초고추장			1	1	0.5~0.7		0.2	
겨자양념	1	0.2		0.5	0.5			0.2
단촛물	1			1	1	0.2		
비빔고추장	1		1		0.5~1		0.2	

3) 한국양념의 목(目)측량

목(目)측량을 다른 말로 표현하면 '어림치' 혹은 '눈대중'이라는 말로 표현할 수 있다. 외식산업현장에서 어느 정도의 체계가 갖추어진 외식업체가 산업화 및 기업화를 이루기 위해서는 메뉴의 표준화가 매우 중요한 문제로 대두된다. 생계형 외식업소에서 강소기업 혹은 기업 측면의 경영효율을 이루기 위해서는 맛의 균일화가 매우 중요한 부분으로서 Standard Recipe 즉, 표준 조리법의 중요성은 아무리 강조해도 지나침이 없다. 그러나 외국 조리에 비해 한국조리는 식재료의 범위가 광범위하고 장류의 발달 및 어머니의 손맛에 중점을 둔 '정성'이라는 감성적 조리법을 중요시하므로 표준 조리법을 만들어 내기가 여간 어려운 것이 아니다. 또한 한국의 조리에서 계량을 위한 도구는 어느 정도 발전을 이루었으나 아직까지 한식조리법의 표준화 요구에 부합되는 식재료 표준 및 부피의 표준이 확립되지 못한 것이 사실이다. 또한 식재료의 부피 혹은 중량의 계측은 시간과 장소, 재료의 작황상태 혹은 계량자의 상황에 따라 어느 정도의 차이점이 있기 마련이다. 따라서 이러한 문제를 해결하기 위한 기초 조작으로 우선 한국의 기본양념에 대한 목(目)측량을 제시하였다.

➕ 계량도구 & 계량단위

저울	식품의 무게를 계측할 때 사용하며 전자저울을 사용하는 것이 오차가 적다.
계량컵	액체의 부피를 가늠하기 위해 사용하며 1Cup은 200cc이다.
계량스푼	1Table Spoon은 한 큰술 = 1TS로 표기하며 물을 기준으로 할 때 15cc이다. 1tea spoon은 한 작은술 = 1ts로 표기하며 물을 기준으로 5cc이다.

CUP	FLUID OZ	MILLILITER
1	8	237
3/4	6	178
2/3	5	158
1/2	4	118
1/3	3	80
1/4	2	60
1/8	1	30
1/16	0.5	15
1 pint = 16oz = 500ml / 1quart = 32oz = 1 liter / 1/2gal = 64oz = 2 liter		

WEIGHTS = GRAMS	WEIGHTS = GRAMS
0.035 ounce = 1 gram	1 pound = 454 gram
1 ounce = 28 gram	2.2 pound = 1 kilo
1 kilo = 1000 gram 1근 = 육류 : 600g, 채소류 375g / 1되 = 1.8L = 1.8kg(물 기준) 5말 = 1가마 / 10되 = 1말	

➕ 양념류 목(目)측량

구분	재료	단위	무게	비고
양념류 목(目)측량	간 장	1C	200g ~ 210g	1Tsp = 8g
	고추장	1C	230g ~ 250g	1Tsp = 15g
	된 장	1C	240g ~ 250g	1Tsp = 18g
	소금(꽃소금)	1C	125g ~ 135g	1Tsp = 8g
	꿀	1C	245g ~ 255g	1Tsp = 16g
	설 탕	1C	150g ~ 160g	1Tsp = 10g
	물 엿	1C	250g ~ 260g	1Tsp = 14g
	청 주	1C	170g ~ 180g	1Tsp = 8g
	식 초	1C	170g ~ 180g	1Tsp = 11g
	식용유	1C	160g ~ 170g	1Tsp = 7g
	참기름	1C	150g ~ 160g	1Tsp = 5g
	통 깨	1C	150g ~ 160g	1Tsp = 5g

구분	재료	단위	무게	비고
	후춧가루	1C	120g ~ 130g	1Tsp = 6g
	고춧가루	1C	90g ~ 100g	1Tsp = 5g
	다진 마늘	1C	120g ~ 130g	1Tsp = 10g
	다진 생강	1C	120g ~ 130g	1Tsp = 10g
	다진 파	1C	110g ~ 130g	1Tsp = 8g
	멸치액젓	1C	200g ~ 210g	1Tsp = 13g
	새우젓	1C	240g ~ 250g	1Tsp = 20g

4) 한국음식의 고명(Garnish)

서양음식에서 음식의 풍미를 더해주고 외관을 아름답게 하며 주재료의 영양학적 측면을 보완해주는 것을 Garnish라 표현한다. 한국음식에서 이와 같은 역할을 하는 것을 고명이라 하며 음식의 외관과 풍미, 영양을 높이기 위해 음식 위에 뿌리거나 얹어서 내는 것이라 정의하고 있다. '웃기' 혹은 '꾸미'라고도 부르며 오방색(赤, 黃, 綠, 白, 黑)을 기본으로 달걀지단, 알쌈, 미나리 초대, 잣, 호두, 은행, 실고추, 참깨 등을 사용하며 한국음식의 멋스러움을 표현하고 우주와 인간의 질서를 상징하는 오방색의 원리는 방위(方位)를 기본으로 하고 있다.

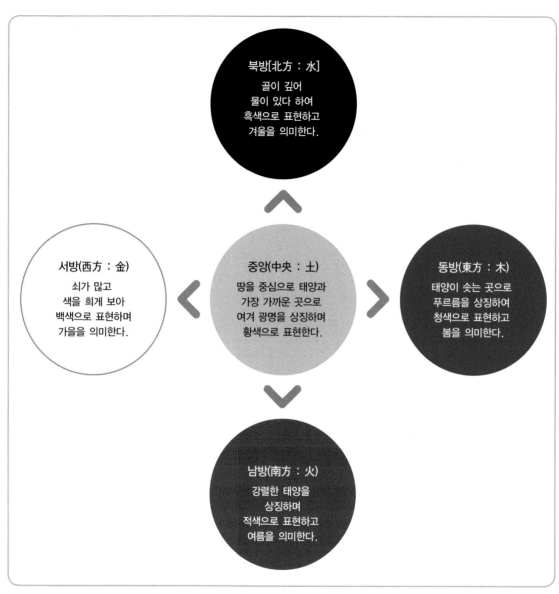

오방색의 원리

(1) 고명의 종류

한국음식에서 고명의 형태를 결정하는 것은 음식의 주재료를 보조하는 역할로서 주재료의 형태와 모양을 같이하면서 주재료보다 작게 만드는 암묵적인 원칙을 가지고 있다. 예를 들어 칼국수의 고명은 국수면발의 모양처럼 채를 썰어 이용하면서 국수의 길이보다 작게 만들어 사용한다.

건/ 생 표고버섯	황백 지단	목이버섯	석이버섯
칼국수, 비빔면 등에 사용	마름모꼴은 만둣국이나 갈비찜, 채썬 것은 국수류, 잡채 등에 사용한다.	볶음류 등에 볶아서 사용한다.	채를 썰어 알찜류, 국수류 등에 사용한다.

은행	실고추	건대추	통잣
볶은 후 갈비찜 등의 고명으로 이용한다.	나물류나 조림류 등에 이용한다.	음청류나 한과류, 화전류 등에 사용한다.	무침류나 구이류 등에 통으로 혹은 다진 후에 사용한다.

깐 호두	호박씨 / 해바라기씨	알쌈	미나리초대
볶음류, 냉채류 등에 사용한다.	볶음류, 냉채류 등에 사용한다.	신선로 등 고급음식에 사용한다.	만둣국 등 탕류에 사용한다.

고기 완자	채썬 고기
탕류, 볶음류 등에 이용한다.	탕류, 볶음류 등에 이용한다.

STORY

2

주방위생과 안전관리

주방위생과 안전관리

1. 주방위생 개론

인간이 인체를 형성하고 생명을 유지하는 데 필요한 영양소는 식품으로부터 섭취된다. 이러한 의미에서 식품을 취급하는 주방 및 식품위생은 아무리 강조해도 지나침이 없다. 따라서 식품을 취급하는 일에 직접 관계하는 사람들과 위생의 관계는 보통 사람들의 위생과는 달리 특별한 의미를 갖게 되는 것이다. 외식업은 식재료가 상품의 주체이다. 식품의 관리 소홀로 인해 각종 세균이나 기타 인체에 유해한 물질에 오염되었다든지, 혹은 식품을 조리하는 조리사가 질병에 전염된 경우, 또는 식품을 다루는 기물, 장비, 기기 등이 비위생적으로 관리된다면, 인간의 생명을 위협하는 중대한 결과로 나타날 것이고, 외식산업 전체의 존립 기반이 흔들릴 수 있을 것이다. 따라서 외식업에 있어 식품위생 관리는 기업의 이윤보다 우선해야 하며, 윤리경영의 첫머리에 두어야 할 과제인 것이다.

1) 주방 위생관리의 목적

외식사업에 있어 위생관리의 목적은 일차적으로 자신을 질병으로부터 보호하여 정식적, 신체적으로 건강을 유지하고, 쾌적한 주방 공간을 확보하여 작업 능률을 향상시키며, 조리 종사원들의 작업 재해를 사전에 방지하는 데 목적이 있다. 아울러 식품 취급 과정에서 일어날 수 있는 각종 병원균의 전파를 방지하고, 상품의 가치를 높이며, 식재료의 품질관리를 통한 원가절감을 목적으로 한다. 또한 철저한 시설 관리를 함으로써 장비기기 및 기물의 수명을 연장하고, 종사원의 안전을 확보함으로써 생산성 향상에 기여함을 목적으로 한다.

○ 조리사 측면에서의 위생관리 목적

- 자신을 질병으로부터 보호하며 정식적, 신체적으로 건강을 유지한다.
- 쾌적한 주방 공간을 확보하여 작업의 효율성을 높인다.
- 조리 근로자들의 산업 재해를 미연에 방지한다.

○ 식재료 취급 측면에서의 위생관리 목적

- 조리과정에서 발생할 수 있는 각종 전염원을 예방한다.
- 조리 상품의 질적 가치를 높여준다.
- 식품 재료의 보존 상태 연장을 통해 원가관리에 기여한다.

○ 시설관리 측면에서

- 근로자들의 안전사고를 방지한다.
- 주방장비 및 기기의 경제적 수명을 연장한다.
- 단위 면적당 작업 능률을 향상시킴으로써 수익성을 확보한다.
- 주방장비의 감가상각비를 높여준다.

2) 위생관리의 대상

위생관리의 대상은 식재료와 조리사, 주방 시설과 그 주변 환경 그리고 기물과 기기 및 기구가 전반적으로 중요한 위생관리 대상이 된다.

그러므로 주방 위생의 관리 과정에서 행해져야 하는 대상별 기준은 다음과 같다.

- 식재료를 취급하여 음식을 만드는 조리사는 개인적인 위생관리를 위해 정기적인 건강진단과 위생교육을 받아야 한다.
- 음식을 조리할 때, 안전하고 위생적으로 사용할 수 있는 시설 및 설비를 확보하고 취급 방법을 숙지하여야 한다.
- 식재료를 위생적으로 취급 보관하고, 언제나 신선한 식재료를 공급할 수 있도록 관리의무를 철저히 해야 한다.

3) 주방위생의 범위와 내용

우리나라 식품위생법상의 식품위생이라 함은 "식품, 첨가물, 기구 또는 용기·포장을 대상으로 하는 음식에 관한 위생"을 말한다.(식품위생법 제1장 2조7항)

WHO의 환경위생 전문 위원회의 정의에 따르면 "식품위생이란 식품의 성장(배경, 양식), 생산·제조로부터 시작하여 최종적으로 사람에게 섭취되기까지의 모든 단계에 걸친 식품의 안전성·건전성 및 완전 무결성을 확보하기 위한 모든 필요한 수단을 말한다."라고 정의하고 있으며, 이에 대하여 건전한 식품이란 영양성과 안전성을 모두 갖춘 경우이며, 이외에 기호성, 저장성, 편리성, 경제성을 추가한 부분을 식품위생의 범위로 요약할 수 있다.

식품의 안전성과 건전성을 위협하는 요인으로는, 자연환경 및 생물학적 요인(광선, 온도, 습도, 미생물, 기생충, 자연독)과 환경·생활 오염요인(대기오염, 수질오염, 토양오염) 등을 들 수 있다.

➕ **안전한 식품을 섭취하기 위한 황금 룰 10가지(WHO)**

- 안전하게 가공된 식품을 선택할 것
- 철저하게 조리할 것
- 조리된 음식은 즉시 먹을 것
- 조리된 음식은 조심해서 저장할 것
- 한번 조리되었던 음식은 철저히 재가열할 것
- 날로 된 식품과 조리된 음식이 섞이지 않도록 할 것
- 손을 자주 씻을 것
- 부엌의 모든 표면을 아주 깨끗이 할 것
- 곤충이나 쥐, 기타 동물들을 피해서 식품을 보관할 것
- 깨끗한 물을 이용할 것

(1) 개인 위생관리

주방에서 종사하는 조리사들은 개인의 위생관념과 청결이 선행되어야 한다. 개인 위생관리로 건강진단의 실시를 들 수 있다.

건강진단은 식음료 관련 전체 영업장 직원을 대상으로 하며 연 1회 정기적으로 실시하여야 한다.

건강진단의 대상자는 식품 제조, 가공, 판매, 운반 등에 직접 종사하는 자로 하며 완전포장된 식품을 운반, 판매 하는 종사자는 제외한다.

관리자는 매달 건강진단 결과서 기간 만료자에 대하여 충분한 기간을 두고 사전 통보하고, 신규 입사자는 배치 전 건강진단 결과서를 제출하도록 한다. 전염병예방법에 의한 1군 전염병, 3군 전염병 중 결핵, 피부병, 화농성질환, AIDS 등에 감염된 자는 영업에 종사할 수 없다.

➕ 조리사의 개인위생관리

조리사는 두발을 단정히 하고 조리 시 머리를 만지지 않으며, 여성조리사는 머리망을 착용한다. 명찰과 머플러는 상시착용하며, 위생복은 고객 접대 시 불쾌감을 주지 않도록 항상 청결히 한다. 앞치마를 두를 때는 길게 늘어뜨리지 말고, 끝자락을 깔끔하게 마무리한다. 안전화는 수시로 체크하여 솔로 문질러 항상 청결히 한다. 식품을 조리, 가공, 제공할 때는 목걸이와 귀걸이, 반지, 시계 등의 착용을 삼가고, 매니큐어는 사용하지 않는 것을 원칙으로 한다.

(2) 식품위생

주방위생에서 조리사는 식자재를 모든 위해요인으로부터 안전하게 관리하여 최종적으로 고객에게 안전하고 맛있는 상품을 서비스할 의무가 있다. 따라서 식품 취급자는 다음과 같은 식품의 위해요인을 방지하여야 한다.

- 세균성 식중독균 및 경구전염병의 원인균이 식품에 오염되지 않도록 해야 하며 일단 오염된 것은 절대 사용해서는 안 된다.
- 식재료의 구매, 저장, 조리과정에서 안전하게 식재료를 다루고, 첨가물의 사용은 자제한다.

모든 식자재는 위생적으로 취급하고 식품에 관한 각종 정보를 연구하여 식품의 안전성 확보에 최선을 다한다.

(3) 시설위생

주방에서 시설이라 함은 주방이 차지하고 있는 공간에서 식자재를 다루는 모든 기구와 장비들을 총칭하는 말로서, 이에 대한 청결관리와 안전관리를 시설위생관리라 한다.

주방시설을 설비할 때는 다음과 같은 부분을 고려하여야 한다.
- 상, 하수도 및 도시가스 배관관리
- 쓰레기 처리시설 및 방충, 방서 관리
- 정기적 소독을 통한 시설 및 기구의 위생 점검관리

(4) 직원교육

관리자는 지속적이고 반복적인 위생교육을 통하여 조리사들의 위생과 안전에 관련된 의식을 높이고, 위생과 관련한 새로운 정보를 전달해야 한다. 아울러 위생 교육 실시 후 위생 교육 결과에 대하여 교육 결과보고서를 작성 후 교육대상자의 서명을 실시하여 보관 · 관리하여야 한다.

위생교육의 궁극적인 목표는 어려운 정보를 전달하는 것이 아니라 지속적이고 반복적인 교육을 통한 조사원들의 올바른 위생관념 확립이다.

(5) 식품위생 사고 발생 시 대처요령

식품위생 사고 발생 시 다음과 같은 요령으로 대처하도록 한다.
- 사고 상황 확인/보고
- 사고 발생 시 제공된 식재료 수거 및 냉장보관 필요시 즉시 공인기관에 실험분석을 의뢰하고 시험 성적서를 보관
- 피해인원, 건강상태, 입원병원, 증상, 진단서(식중독 관련) 발급 유무에 대한 신속한 파악 및 고객으로부터 불만사항을 직접 청취하며 내용을 기록
- 고객의 건강상태를 확인한 후 치료지원
- 사고가 재발되지 않도록 해당 부분에 대한 개선을 즉시 실시한다.
- 사태 수습과정에서 발견된 문제점을 수정, 보완하고 필요시 교육훈련을 실시한다.
- ☞ 특히 식중독의 증세는 알레르기 형태를 제외하고 일반적으로 감기 몸살 증세와 비슷하기 때문에, 잘못 판단하여 지사제를 사용할 경우 설사를 통하여 자연적으로 몸 밖으로 배출되는 세균이

나 세균성 독소 등의 배출을 막아 몸속에 쌓이게 하여 더 심각한 증상을 초래할 수도 있으므로 사용 시 주의해야 한다.

환자 구토물 처리 시, 일회용 장갑 등을 사용하여 닦아내고 소독제를 이용하여 2차 감염을 방지하여야 한다.

2. 식중독

1) 식중독의 범위와 정의

➕ 식중독의 정의

식품위생법상의 식중독 정의(제2조 제10호)

식품의 섭취로 인하여 인체에 유해한 미생물 또는 유독물질에 의하여 발생하였거나 발생한 것으로 판단되는 감염성 또는 독소형 질환

WHO의 식중독 정의

식품 또는 물의 섭취에 의하여 발생하였거나 발생된 것으로 판단되는 감염성 또는 독소형 질환

식중독이란 병원성 미생물이나 유독, 유해한 물질로 오염된 음식물을 섭취하여 일어나는 건강상의 장해를 말하며, 집단 식중독은 식품 또는 물이 질병의 원인으로 확인되거나 의심되는 경우로서 동일한 식품이나 동일한 공급원의 물을 섭취한 후 2인 이상이 유사한 질병을 경험한 사건을 말하며, 식중독의 범위에 속하지 않는 것으로는 영양 불량이나 물리적·기계적 장해, 뜨거운 것을 섭취해 입는 상처 등이 있을 수 있다.

식중독 발생의 주된 원인으로는 식품을 충분한 온도와 시간으로 조리하지 못할 때, 조리 후 음식을 부적절한 온도에서 장시간 보관할 때, 오염된 기구와 용기, 개인의 비위생적 습관, 취급 부주의, 안전하지 못한 식품 원료 사용 등으로 발생한다.

식중독의 증상으로는 고열, 복통, 설사, 구토, 두통 등이 대표적이며 때로는 호흡곤란, 탈수 등을 일으켜 생명을 위험하게 할 수도 있다.

(출처 : 식중독 예방교육 표준교재 2006 식품의약품 안전청)

2) 식중독을 일으키는 병인물질

식중독은 생물학적 · 화학적 자연독, 곰팡이독소 등에 의하여 기인한다.

다음은 식중독을 일으키는 미생물과 병인물질에 대하여 정리하였다.

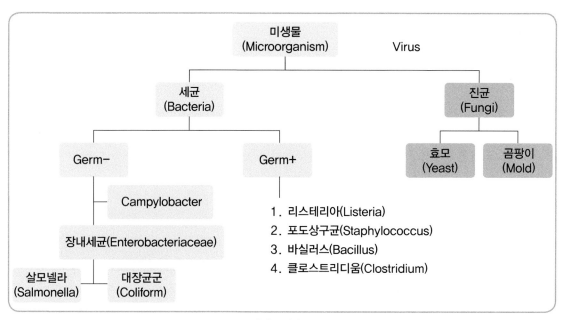

미생물 분류

미생물은 현미경으로 볼 수 있는 매우 작은 생물들을 총칭한다. 종류로는 세균, 효모, 원생동물 등이 있고, 진균은 자낭균류, 담자균류, 조균류 및 불완전 균류를 통틀어 이르는 말로서 몸이 무색의 균사(菌絲)로 이루어져 있으며, 엽록소가 없어 다른 생물에 기생한다. 버섯, 곰팡이, 효모, 깜부기균 등이 이에 속한다. 세균은 단세포의 미생물로서 핵막이 없는 원핵생물의 한 무리이며, 바이러스는 세균보다 훨씬 작은 전염성 병원체인 미생물이다.

일반적으로 세균을 분리할 때는 그람반응을 이용하는데, 그람 반응(Gram反應)은 그람 염색법으로 염색된 세균이 나타내는 반응으로 양성과 음성으로 나타난다.

Gram − : 염색이 되지 않는 세균 대장균, 이질균, 유산균 등

Gram + : 그람 반응에서 짙은 자주색을 보이는 세균으로 결핵균, 디프테리아균, 포도상구균 등이 있다.

➕ 식중독의 분류와 병인물질

생물학적 식중독	① 감염형 식중독	살모넬라균, 장염비브리오균, 병원성 대장균, 캠필로박터 제주니, 바이러스, 기생충 등
화학성 식중독	② 독소형 식중독	포도상구균, 보툴리누스균 등
자연독 식중독	① 고의 또는 오용으로 첨가되는 유해물질 ② 본의 아니게 잔류, 혼입되는 유해물질 ③ 제조 · 가공, 저장 중에 생성되는 유해물질 ④ 기타 물질에 의한 중독 ⑤ 조리기구, 포장에 의한 중독	각종 첨가물, 유해첨가물 잔류농약, 유해성 금속화합물 지질의 산화생성물 니트로사민 메탄올, 간수 등 녹청(구리), 납, 비소 등
곰팡이 독소에 의한 중독	① 동물성 자연독에 의한 중독 ② 식물성 자연독에 의한 중독	복어독, 조개독, 시가테라독 등 감자독, 버섯독 등
	마이코톡신 식중독	황변미독, 맥각독, 아플라톡신 등

출처 : 식약청 식중독 예방교육교재, 2006, p.9 참고하여 저자 재작성

(1) 식중독의 종류

우리나라는 식품위생법에 의거해 식중독 발생 통계가 작성되어 보고된 것은 1970년대부터이며, 식중독 발생상의 특징은 사계절이 뚜렷한 기후와 지리적 특성의 영향으로 여름철에 세균성 식중독이 많으나, 근래 들어 겨울철 식중독 또한 늘어가는 추세이다.

다음은 식품공전상의 식품과 수산물의 규격에 관한 공시사항이다.

➕ 식품공전상의 식품일반에 대한 공통 기준 및 규격

※ 식품공전–식품일반에 대한 공통 기준 및 규격

식육(제조, 가공용 원료는 제외한다), 살균 또는 멸균 처리하였거나 더 이상의 가공, 가열조리하지 않고 그대로 섭취하는 가공식품에서는 특성에 따라 살모넬라(Salmonella spp.), 황색포도상구균(Staphylococcus aureus), 장염비브리오(Vibrio parahaemolyticus), 클로스트리디움 퍼프린젠스(Clostridium perfringens), 리스테리아 모노사이토제네스(Listeria monocytogenes), 대장균 O157:H7(Escherichia coli O157:H7), 캠필로박터 제주니(Campylobacter jejuni), 바실러스 세레우스(Bacillus cereus), 여시니아 엔테로콜리티카(Yersinia enterocolitica) 등의 식중독균이 검출되어서는 아니 된다. 다만, '제4. 식품별 기준 및 규격'에서 식중독균에 대한 규격이 정량적으로 정하여진 식품에는 정량규격을 적용한다.

더 이상의 가공, 가열조리를 하지 않고 그대로 섭취하는 수산물에서는 장염비브리오(Vibrio parahaemolyticus), 살모넬라(Salmonella spp.) 황색포도상구균(Staphylococcus aureus), 리스테리아 모노사이토제네스(Listeria monocytogenes)가 음성이어야 한다.

(2) 세균성 식중독

살아 있는 세균에 의한 감염이나 음식물 내에 세균이 만들어 놓은 독성이 남아 있는 경우, 음식물 섭취 후 장내에서 만들어진 독성에 의하여 발병한다.

① 세균성 식중독의 분류

Ⓐ 감염형 식중독 : 살모넬라균, 장염비브리오균, 병원성 대장균, 캠필로박터 제주니, 바이러스, 기생충 등

- 식중독 바이러스 – 노로바이러스(Norovirus), 로타바이러스(Rotavirus), 간염 A형 바이러스(Hepatits A virus) 등

Ⓑ 독소형 식중독 – 황색포도상구균, 보툴리누스균, 세레우스균 등

② 식중독균의 증식요인 : 온도, 시간, 영양, 수분, pH, 식품의 종류 등
③ 세균성 식중독의 예방 : 세균에 의한 오염방지, 세균의 증식방지, 세균의 사멸 등

➕ 바이러스 식중독

- 바이러스 식중독이란 바이러스에 오염된 음식물을 섭취하여 일어나는 건강상의 장해를 말한다.
- 주요 원인 바이러스는 노로바이러스(Norovirus) 이며, 그 밖에 간염 A형 바이러스(Hepatitis A virus), 로타바이러스(Rotavirus) 등이 알려져 있다.

※ 바이러스 식중독의 증상

- 바이러스 식중독의 증상은 메스꺼움, 구토, 설사, 위경련 등이며, 때때로 미열, 오한, 두통, 근육통과 피로감을 동반한다. 감염되었을 경우 갑작스러운 설사 등이 발생하며 1~2일 정도 지속된다.
- 소아의 경우 성인보다 심한 구토 증세를 나타내는 경우가 많다.

※ 바이러스 식중독과 세균성 식중독의 차이

• 세균성 식중독과 가장 큰 차이점은

① 미량의 개체(10~100)로도 발병이 가능하고,

② 바이러스는 자체적으로 증식이 불가능하며,

③ 바이러스는 항생제로 치료가 불가능하다.

※ 바이러스 식중독의 치료와 예방

• 현재 노로바이러스에 대한 치료법이나 감염 예방 백신은 없다. 건강한 성인에게는 감염증상이 경미하나, 소아, 노인, 환자에게 발생하는 탈수 증상은 생명에 치명적인 위해를 가져올 수 있기 때문에 구토, 설사 증세가 있을 경우 탈수를 막기 위해 충분한 양의 음용수를 섭취하여야 한다.

※ 바이러스 식중독은 치료법이 없기 때문에 예방이 가장 중요하다.

• 개인 위생의 준수 – 요리 전, 식사 전, 화장실 용무 후 항시 손 세척

• 위생적 식습관의 생활화 – 굴, 과일, 채소 등을 깨끗이 세척하여 섭취

• 정수처리 시설 관리 – 물탱크, 저수조, 배관관리 등 위생적 식수공급

• 감염 후 관리 – 바이러스에 오염 가능성이 있는 옷과 이불 등의 소독 및 감염자와의 접촉을 피하여 2차 감염예방

출처 : 식중독 예방교육 표준교재(2006), 식품의약품안전청

(3) 주요 세균성 식중독균

• **살모넬라(Salmonella spp.)**

감염형 세균성 식중독균으로 역사적으로 가장 오래된 균이다. 최적 발육온도는 35~37℃이며, 62~65℃에서 20분 정도의 가열로 사멸한다.

식육이나 난류, 부적절하게 가열된 동물성 단백질 식품과 가축·분변·곤충 등이 감염원이며, 증상으로는 구토, 복통, 설사, 오심이 있다. 저온보존(5℃ 이하) 및 저온유통, 가열조리(74℃ 1분 이상)를 통해 예방할 수 있다.

• 장염비브리오(Vibrio parahaemolyticus)

장염비브리오 식중독을 최초로 보고한 나라는 일본이며, 최적 발육온도는 30~37℃, 최적 pH는 7.4~8.2이다. 원인식품은 어패류가 압도적으로 많고, 여름의 근안 해수와 갯벌에 광범위하게 분포되어 있고 6~9월에 발병빈도가 높다.(오징어, 꼬막 등)

예방대책으로 여름철 근해의 어패류 및 조개류의 섭취를 자제하고, 저온관리는 물론 열에 약하므로 가열 식용한다.

• 대장균 O157 : H7(Escherichia coli O157 : H7)

대장균은 사람과 동물의 장관 내에 있는 정상 세균군으로 병원성을 보이지 않으나 병원성 대장균은 설사나 급성장염을 일으킨다. 햄, 치즈, 소시지, 두부, 도시락, 급식식품 등이 원인식품이며 구토, 설사, 발열, 복통을 일으킨다. 대장균은 장관 침입성 대장균, 장관 병원성 대장균, 장관독소원성 대장균, 장관출혈성 대장균으로 분류된다. 예방대책으로 조리기구를 구분하여 2차오염을 방지하고 생육과 조리된 음식을 구분 보관하며 가열(74℃ 1분 이상)이 효과적이다.

• 황색포도상구균(Staphylococcus aureus)

엔테로톡신을 함유한 대표적인 독소형 균으로 소금농도가 높은 곳에서도 증식하며, 건조상태에서도 저항성이 강하다. 특히 60℃, 30분 가열로 균은 거의 사멸되나, 장독소인 "엔트로톡신"은 100℃에서 60분 정도 가열해야 파괴된다.

오염원은 손과 동물피부, 두발, 두피, 귓속 조리기구 등을 매개로 식품을 오염시키고, 육류, 크림, 우유, 치즈 등에서 유발된다. 증상으로는 구토, 복통, 설사, 오심이 있으며 예방대책으로 손 씻기, 조리한 음식 빨리 섭취하기 등이 있다.

• 노로바이러스(Norovirus)

노로바이러스는 겨울철 식중독을 일으키는 대표적인 바이러스로서 급성 위장염을 일으켜 설사병을 유도한다. 냉동 · 냉장 등 저온상태에서도 수년 동안 감염력을 유지하며 식품의약품안전처의 보고서에 따르면 노로바이러스로 인한 연간식중독 발생건수가 전체 발생건수 중 42%가량을 차지하며 12~2월 사이에 집중적으로 발생하는 것으로 나타났다. 감염원으로 사람의 분변과 패류, 샐러드, 냉장식품 등이며 특히 오염된 굴에서 많이 발생하며 구토, 복통, 설사, 두통, 오심의 증상이 있다. 예방으로는 굴과 어패류의 생식을 자제하고 조리기구에 대한 세척 및 소독을 철저하게 실시한다.

(4) 식중독 예방

식중독의 예방은 가장 기초적인 부분에서 시작될 수 있다.

다음은 식중독을 예방하기 위한 기본적인 수칙이다.

• 개인 및 조리도구의 청결을 유지한다.

일반적으로 유해 미생물은 손, 행주, 조리기구, 특히 도마를 통해 옮겨질 수 있으며, 업무를 시작하기 전과 화장실 이용 및 휴식 후 배식 전 등에는 반드시 손 세척을 실시하여야 한다.

• 익힌 음식과 익히지 않은 음식의 분리 보관의 원칙을 적용한다.

익히지 않은 식품에는(육류, 가금류, 해산물) 인체에 유해한 미생물이 있을 수 있기 때문에 교차오염을 방지하기 위하여 반드시 분리 보관하여야 한다.

• 식품은 완전히 익힌다.

대부분의 유해한 미생물은 가열하면 사멸되지만, 다진 고기, 구이용 고기말이, 뼈가 붙어 있는 고기 및 통째로 조리된 가금류는 특히 주의가 필요하며, 연구에 의하면 식품을 70℃까지 가열하면 안전하게 식품을 섭취할 수 있다고 한다. 특히 죽, 수프 등의 남은 음식을 재가열 시는 내부온도가 70℃ 이상이 될 때까지 가열한다.

• 식품은 안전한 온도에서 보관한다.

실온에서는 식품 중 미생물이 매우 빨리 증식할 수 있으므로, 보관온도를 5℃ 이하나 60℃ 이상(danger zone)으로 유지할 경우 미생물의 증식은 둔화되거나 중지된다.

• 신선한 식재료를 사용한다.

신선하고 질 좋은 식품을 선택 사용하여야 한다. 특히 채소나 과일 등의 신선제품을 사용할 때는 흐르는 물에 3회 이상의 세척이 필요하며, 유통기한이 지난 식품은 사용하지 않는다.

식중독 3대 원칙	식중독 위험 온도구역(Danger zone)
1. 청결과 소독의 원칙 2. 신속의 원칙 3. 냉각 또는 가열의 원칙	대부분의 세균은 5~56℃ 사이에서 활발히 증식하므로 이 지점을 Danger zone이라 부른다. 5℃ 이하 혹은 57℃ 이상의 온도에서는 증식이 불가능하거나 사멸하지만 일부 발육하는 세균도 있으므로 모든 음식물은 철저한 저온저장 혹은 가열섭취를 원칙으로 해야 한다.

3. 주방 안전관리

주방은 육절기, 분쇄기 등의 조리도구와 끓는 물, 기름의 이용과 같은 조리업무를 수행하는 특성상 안전부분에 있어 취약성을 가지고 있다.

조리사는 업무 중 안전에 유의해야 하며 개인의 실수로 인하여 제3자가 신체적 위해를 입을 수 있음을 명심하고 주방 안전관리에 임해야 하며, 개인의 신체적 위해로 인한 불편함과 아울러 동료의 업무 과중으로 인한 생산성의 저하는 기업 이윤적 측면에서도 크나큰 손실임을 인지하고 주방위생, 안전관리에 대하여 관리자는 심혈을 기울여야 한다. 따라서 주방위생 안전관리는 식품안전에 관한 지침 및 기준을 확립하여 식품사고를 사전에 예방하고 효율적인 위생관리의 모형을 제시함으로써 고객에게 안전한 식품 및 서비스를 제공하고 기업의 이윤창출에 기여해야 한다.

주방을 안전하게 관리함에 있어 다음과 같은 수칙을 준수하여야 한다.

➕ 주방 안전수칙

- 주방 바닥은 미끄럽지 않도록 청결을 유지한다.
- 뜨거운 팬 사용 시 마른 수건을 사용한다.
  (젖은 행주는 마른 수건보다 열전도율이 높기 때문에 오히려 위험하다.)
- 뜨거운 음식물은 용기의 7부 이하로 담아서 이동한다.
- 창고의 물건 취급 시 장애물과 미끄러움에 주의한다.
- 나이프 끝이 바닥을 향하게 하고 떨어지는 나이프는 잡지 말고 피한다.
- 전열기구 사용 시 물이 닿지 않도록 주의한다.
- 가스솥 등 가스용기 사용 후 중간밸브를 꼭 잠근다.
- 골절기나 식품커터기 등의 조리도구는 사용방법을 숙지하고 안전교육을 실시한다.
  특히 골절기, 찹퍼 등의 장비를 사용할 때는 서두르지 말고 천천히 작업을 진행한다.

1) 조리공정 중 위생 및 안전관리

(1) 전처리

전처리를 할 때는 위생장갑을 착용하고, 칼, 도마, 장갑, 용기 등은 세척, 소독되어 있는 것을 사용한다.

➕ 식재료별 전처리 방법

육류/가금류

세척, 소독이 실시된 육류용 도마(적색)와 칼을 사용한다.

생선/해산물

세척, 소독이 실시된 생선 해산물 도마(노랑)와 칼을 사용한다.

채소/과일

표면의 흙 등의 불순물을 깨끗히 제거, 세척(3회 이상)을 실시한다.

세척, 소독이 실시된 채소 및 과일용 도마(녹색)와 칼을 사용한다.

전처리 작업이 완료되면 전용 용기에 담아 보관하거나 조리작업을 실시한다.

기타 완제품

세척, 소독이 실시된 완제품용 도마(흰색)와 칼을 사용한다.

바로 먹는 완제품은 절단 시 오염되지 않도록 신속하고 청결하게 작업을 실시한다.

공통사항

사용한 칼, 도마 외 다른 도구가 2차 오염되지 않도록 정해진 장소에서 작업을 실시한다.

육류 작업 시 주의사항 및 선도관리

- 청결, 정리정돈의 원칙
- 위생모, 위생복, 앞치마, 위생화 착용
- 작업 개시 전 작업 테이블/개인 조리도구 등에 대하여 사전 소독실시

육류는 자체 온도가 2℃ 이상이 되면 드립이 발생하기 시작하며, 온도가 7℃ 이상이 되면 육즙의 발생량이 증가한다. 따라서 육류의 선도관리에 있어 주의점은 첫째, 냉장고는 5℃ 이하, 냉동고는 −20℃로 항상 온도를 설정한다. 둘째, 정확한 발주와 재고관리로 적정재고량과 상품회전율을 설정한다. 셋째, 상품화 공정에서의 선도관리 및 유지로서 조리환경 및 조리사에 대한 위생관리를 철저히 한다. 원료육은 외부공기와 장시간 접촉하지 않도록 하고 되도록 신속하게 상품화한다.

(2) 해동

- 해동된 식육은 일반냉장육보다 부패의 가능성이 높으므로 신속하게 조리한다.
- 냉장 해동 시 냉장고 선반 하단에서 실시하고 식별 표시를 한다.(식별표시에는 해동 시간, 기간, 해동 중 등을 표시한다) 냉장 해동 시 육류, 생선류, 가금류, 완제품으로 구분하여 실시하도록 한다.

➕ 해동 시 유의사항

철저한 사전에 계획(생산량)에 의거하여 사용량만 해동한다.

해동방법	유의 사항
냉장해동	• 육류, 가금류, 생선 등의 해동 시 적합하다. • 크기가 큰 냉동품의 해동에 적합하다. • 해동 시에는 해동 시작 시간과 날짜, 해동 완료 예정 시간 등이 표시되어야 한다. • 해동 공간은 가급적 냉장고 선반 아래쪽을 지정하여 해동 시 발생하는 Drip(육즙)으로 인한 오염이 발생하지 않도록 한다.
유수해동	• 조개류, 해산물의 해동 시에 적합하다. • 유수해동 시 물의 온도는 20℃ 이하로 유지되어야 한다. • 포장상태가 유지되도록 해동한다.
전자레인지 해동	• 전자레인지를 이용하여 해동이 실시되었을 경우 해당 식재료는 즉시 소비되어야 한다.
상온해동	• 가장 위험한 해동 방법으로 가능한 사용이 지양되어야 한다. • 상온해동은 멸균 처리가 실시된 냉동 밀폐용기 식재료에 한하여 제한적으로 사용될 수 있다.

- 해동은 안전과 위생에 가장 효과적인 냉장해동을 하도록 한다.

해동기간을 명시하여 누구라도 알 수 있게 해동한다.

실온 해동

(3) 조리공정 관리

- 식품제조 가공 시에는 식품의 중심온도가 75℃ 이상 1분간 유지되도록 하여 완전히 익을 수 있도록 해야 한다.
- 조리된 음식은 60℃ 이상 또는 냉장보관하고, 냉각은 조리 후 30분 이내에 하여야 한다.
- 조리된 음식을 재가열할 경우 75℃ 이상에서 1분 이상 가열한다.
- 조리된 음식은 보관용기에 담아 뚜껑을 덮어 보관하고, 조리 전의 원재료와 접촉하지 않도록 유의한다.
- 가공식품은 상온에서 2시간 이상 방치하지 않도록 한다.

➕ 조리공정 식재료 저장관리

- 육류와 생선류, 원자재와 가공품은 분리 보관한다.
- 식자재를 냉동시킬 때는 급속냉동시킨 후에 냉동고로 옮긴다.
- 육류의 경우 반제품은 선반 위쪽, 원자재는 선반 아래쪽에 보관한다.
- 생선의 경우 향취가 약한 것은 선반 위쪽, 강한 것은 선반 아래쪽에 보관한다.
- 가공품의 경우 가장 나중에 생산한 것을 선반의 밑쪽, 먼저 생산한 것을 위쪽에 보관한다.(FIFO)

(출처 : 장태경, "관광호텔 부쳐 주방관리의 효율성에 관한 연구", 2003)

(4) 냉각

올바른 냉각방법의 실천은 식품 위생과 관련하여 매우 중요하며 특히 식중독 사고의 원인 중 상당 부분이 식재료의 냉각공정에서 비롯된다. 식품이 냉각되면서 DANGER ZONE(5℃~60℃)에 머무는 시간을 최소화하여 식품의 안전을 확보하는 것이 중요하다.

소스 쿨러

- 가열조리 식품의 냉각 시 전용냉각기를 이용한 냉각 권장
- 냉장, 냉동고에서 냉각 시 교차오염의 예방을 위하여 가장 상단에 보관 냉각하며 내부온도가 상승하지 않도록 온도가 충분히 내려간 다음 냉각을 실시한다.
- 냉각 완료 후 덮개를 덮고 냉장 저장한다.(5℃ 미만)
- 냉각 시 사용한 용기는 세척, 소독을 실시한다.

✚ 식품의 냉각

소분	냉각시키는 식재료를 작은 단위로 나누어서 냉각 실시 (냉각, 해동이 용이하여 온도변화로 인한 위해요소를 줄일 수 있다)
냉각기	음식의 중앙에 얼음주머니를 이용하여 수시로 저어주어 외부와 중심 온도를 동시에 낮춰준다.

(5) 메뉴 제공

조리공정 중 고객에게 상품 제공 시에는 다음 사항에 주의한다.
- 가열이 완료된 음식은 적절한 보온, 보냉 실시하에 저장한다.
- 사전에 조리된 식품은 신속히 제공한다.
- 새로운 음식과 기존에 제공되었던 음식을 섞지 않는다.
- 재가열은 필요한 만큼 덜어서 한 번만 실시한다.
- 고객 제공 후 남은 미제공 메뉴는 폐기를 원칙으로 하여 위생 위해요소를 최소화시킨다.

제공될 메뉴 보관

➕ 메뉴 제공 시 온도 관리

육류	가열 시 중심 온도 75℃ 이상(스테이크류는 제외)
생선류	중심온도 63℃ 이상
가금류	뼈 있는 부근 중심온도 75℃ 이상
재가열 음식	식품 내부온도 75℃ 이상
더운 음식	60℃ 이상으로 유지, 제공(heat lamp, food warmer)
차가운 음식	5℃ 이하로 차갑게 유지, 제공(냉장보관, ice bathing)

(6) 고객에게 제공되는 먹는 물 관리

수돗물이 아닌 물을 음용수로 사용하는 경우는 「먹는 물 관리법」의 먹는 물 수질 기준에 적합한 것이어야 한다.

정수기

정수기 관리는 필터교환이 중요하다. 필터를 관리해 주지 않으면 더 해로운 물을 마시는 결과를 초래하므로 정수기 기종, 필터의 모양과 규격을 파악하여 정기적으로 필터를 교환하여야 한다. 또 정수된 물이라도 기온이 올라가는 여름철에는 일반세균이 번식할 우려가 높으므로 1달에 2~3회 청소 및 소독을 반드시 해주는 것이 좋다.

지하수

지하수는 수돗물과 달리 정기적인 수질검사가 어렵고, 소독도 잘 이루어지지 않고 있어 세균들에 의한 수인성 질병의 가능성이 높아, 지하수의 관리는 위생상 매우 중요하다. 그러므로 정기 수질검사를 통한 관리와 반드시 물을 끓여서 제공하는 것이 좋다.

4. HACCP System을 적용한 조리공정

HACCP은 Hazard Analysis & Critical Control Point의 영문 약자로서 "식품 위해요소 중점 관리제도"이다. 식품 제조과정에 대한 과학적이고 체계적인 위해관리를 통하여 식품의 안전성을 확보하는 제도이며, 해당식품에서 발생 가능한 위해요소를 사전에 분석하여 예방·제거하는 종합적 위생관리 시스템을 말한다. 즉, 일차적으로 식품의 제조공정을 분석하고, 공정 중 위해요소를 분석하여 예방관리 및 위해요소를 제거하여 식품의 안전성을 확보하는 관리시스템으로 모든 식품에 적용가능하다.

HACCP은 다음과 같은 구조로 이루어진다.

HA(위해요소분석)

원료공정에서 발생가능한 병원성 미생물, 생물학적·화학적·물리적 위해요소 분석

CCP(중요관리점)

위해요소를 예방, 제거 또는 허용 수준으로 감소시킬 수 있는 공정이나 단계를 중점 관리

HACCP System의 적용원칙

원칙 1 - 위해분석 : 위해 목록의 작성

　　　① 반입되는 원료, 제품특성 등의 조사

　　　② 가공, 제조조작 순서의 조사(순서도 작성, 시설 내부도 및 작업원의 행동 패턴도의 작성)

　　　③ 현장에서의 실제 작업 순서의 관찰

　　　④ 가공·제조 조건의 측정

　　　⑤ 측정결과의 균의 발육·사멸조건의 비교검토

원칙 2 - 중요 관리점의 설정

원칙 3 - 관리기준의 설정

원칙 4 - 모니터링 방법의 설정

원칙 5 - 개선조치의 설정

원칙 6 - 검증방법의 설정

원칙 7 - 기록의 유지·보관 시스템의 설정

HACCP의 적용

식품제조, 가공업에서 사전예방 접근방식으로 제조공정 중 위해요소 제거 및 예방이 용이하고, 경제적이며, 중요한 공정에 자원을 집중 투자할 수 있다.

또한, 변질에 의한 제품의 손실을 감소시킬 수 있고, 신뢰성과 안전성이 확보된다.

➕ 조리공정의 식품 위해요소 관리

1. 매뉴얼	구절판
2. 위해요소 관리점	식재료 구매 시 배달 및 보관온도 준수 조리 시 세척, 조리도구의 소독여부 배식 시 손 소독 및 마스크 착용 온도관리
3. 지속적 모니터링	

구매 및 검수	1. 양념류(설탕, 식초, 간장) 채소류는 신선한 상태의 것을 구매	➡	CCP 체크포인트 1. 운송차량 위생 및 온도체크 2. 식재료 품질 확인
전처리 1	2. 채소류를 잘 다듬는다. 채소류를 흐르는 물로 세척 후 소독 하고 헹군다.	➡	CCP 체크포인트 1. 식재료 소독 및 세척상태 2. 손 소독 여부
전처리 2	3. 채소를 알맞은 크기로 썬다.	➡	CCP 체크포인트 1. 전용도구(도마, 칼) 사용 여부 2. 위생장갑 착용 여부
조리	4. 씻어둔 채소와 양념을 넣고 밀전병을 부친다.	➡	CCP 체크포인트 소독된 용기 사용 여부 1. 손 소독 2. 위생적 조리도구 사용 여부
메뉴 제공	5. 고객에게 제공한다.	➡	CCP 체크포인트 1. 손 소독 여부 2. 배식용 마스크 착용 여부 3. 식품 온도관리

5. 조리장의 청소 요령

주방의 바닥은 물기가 없어야 하며 음식물의 기름기나 찌꺼기가 남지 않도록 깨끗이 세척하고, 쓰레기는 방치하지 않고 수시로 치우며 오전과 오후 하루 2회 이상 정리 정돈을 실시한다.

(1) 전처리실

원재료에 묻어 있는 흙이나 이물질을 제거하도록 충분한 공간을 확보하고, 원재료에 의한 교차오염이 발생하지 않도록 주의한다.

(2) 조리실 및 조리설비

조리실은 조리에 불편함이 없도록 충분한 공간을 확보하고 식품과 식기류의 보관설비는 모두 바닥에서 15cm 이상의 위치에 설치하고, 조리대와 조리시설은 부식성이 없는 스테인리스 스틸로 제작하여 녹슬지 않도록 한다.

(3) 바닥 및 배수로 관리

바닥은 내수처리가 되어 있고 미끄러지지 않는 재질로 설비하고, 배수가 잘 되도록 적당한 경사면을 준다.

특히 배수로는 각종 음식물 찌꺼기로 인해 위해 미생물이 번식할 우려가 크므로 정기적으로 세제를 이용하여 청소 및 소독을 실시하여야 하며, 청소가 용이하도록 시설, 설비를 단순하게 시공한다.

주방 바닥

(4) 출입문

원료 및 음식의 운반구와 종업원의 출입구는 별도로 구분 설치하여야 하며 쥐가 침입할 수 없도록 문은 항상 닫혀 있어야 한다. 조리실 입구에 발판소독 시설과 손 소독 시설을 갖추도록 한다.

주방 출입문 closed　　　　**발판소독기**　　　　**손 소독기 설치**

(5) 천장/조명

채광 및 조명은 모든 조리, 청소작업에 적합한 조도를 유지하여야 한다. 전기배선, 조명갓, 조명설비 등은 식품오염이 발생되지 않도록 설치되어야 한다. 특히 근래에는 조명갓 빛의 반사를 줄이기 위하여 천장 속 내장형으로 시공이 많이 이루어지고 있다.

천장은 먼지 또는 기름때가 잘 부착하지 않는 자재와 구조로 설비되어야 하며 곤충이나 미생물이 번식하지 않도록 청결히 관리하여야 한다.

천장/조명

(6) 환기시설

수증기 열 및 냄새 등을 배기시키고 조리장의 적정 온도를 유지시킬 수 있는 환기시설을 갖추어야 한다.

기름기 많은 장소에 있는 후드는 부착된 기름기를 쉽게 청소할 수 있는 구조로 설치되어야 한다. 기름때가 농축될 경우 고열에 의한 화재의 가능성도 있기 때문에 세심한 관리가 요구된다.

환기시설

(7) 방충, 방서 시설

조리장에는 쥐, 곤충 등이 들어오지 못하도록 방충 및 방서 시설을 갖추어야 한다.

방충, 방서 시설

(8) 청소, 소독 시설

모든 주방설비 및 기구는 정기적으로 청소 및 소독을 하여야 하며 관리대장을 만들어 매일의 청소상태를 점검 · 기록하여야 한다.

청소도구 관리

(9) 창고(비품) 관리 / 쓰레기 관리

쓰레기는 반드시 재활용 쓰레기통, 잔반 수거통, 일반쓰레기통으로 분리 사용한다. 쓰레기가 놓였던 장소는 수거한 후에 세척 및 소독을 실시한다. 주방 비품은 항상 청결하게 관리되어야 한다.

창고비품 관리

(10) 조리기기 및 기구의 위생

조리기구, 용기, 칼 등을 사용한 후에는 흐르는 물로 깨끗이 세척하고 건조시켜 청결한 장소에서 위생적으로 보관한다. 칼은 자외선 살균기에 넣어 보관하고, 도마, 조리, 목제 기구는 세균이 잔존할 가능성이 높으므로 충분히 건조하여 위생적으로 사용한다. 가능한 목제 재질의 조리도구는 사용하지 않는다.

1) 기계 · 기구 및 시설 관리

(1) 냉장, 냉동고 관리

- 냉장, 냉동고는 온도점검일지를 비치하고 확인, 기록한다.
- 워크-인 냉장, 냉동고의 경우 내부에서 밖으로 나오는 문은 수시로 정상 작동 여부를 확인하며 사람이 갇히는 경우에 대비하여 비상벨을 설치한다.
- 냉장, 냉동고 청소 시 성애 및 식재료 찌꺼기, 문짝의 묵은 때, 곰팡이 제거에 특히 유의하여야 하며 청소 시 성애나 얼음을 제거할 때는 날카로운 기물을 이용하지 말고 찬물을 이용하여 청소한다.
- 냉장(냉동)고 내 온도가 적정온도보다 높고 찬바람이 약하게 나올 때는 냉매가스를 확인하고, 응축기의 먼지 제거를 실시한다. 영업장의 냉장고는 직접냉각 방식보다는 간접냉각 방식의 냉장고를 사용하는 것이 냉장고 관리에 효율적이다.

Walk - In 냉장고   냉동실 성애 관리

(2) 분쇄기 · 찹퍼 · 슬라이서 관리

- 분쇄기 · 찹퍼 · 슬라이서의 사용요령을 충분히 숙지한다.
- 청소하는 경우를 제외하고는 용기 안에 절대 손을 넣지 않는다.
- 청소 시 음용에 적합한 물로 씻어 낸다.
- 사용 시 절대 서둘지 말고 집중해서 작업한다.

분쇄기 · 찹퍼 · 슬라이서 관리

(3) 제빙기 관리

음용으로 사용하는 제빙기는 1회/월 이상 세척 및 소독을 실시하고, 기록을 유지하며, 얼음삽은 내부 걸이에 걸어 보관한다.

제빙기 관리

(4) 스팀 국솥 관리

- 사용 중에는 끓는 상태를 수시로 확인하며 국솥 내부의 뜨거운 내용물이 넘치지 않도록 주의한다.
- 국솥을 사용한 후에는 스팀 밸브를 꼭 잠가 놓는다.
- 회전 국솥은 내용물을 끓일 때 안전핀을 항상 고정하여 사용한다.

스팀 국솥 관리

(5) 식기세척기

- 바닥에서 최소한 15cm 이상 위에 설치한다.
- 온도, 수압을 알리는 계기판은 잘 보이는 장소나 기계 가까이에 부착되어 쉽게 확인할 수 있어야 한다.

식기세척기 관리

(6) 식기와 각종 기물

• 사용 후 뜨거운 물로 깨끗이 씻어내고 세제를 묻힌 스펀지로 오물을 제거한다.

• 완전히 건조시켜 보관한다.

• 물을 사용하지 못하는 기물들은 오물을 제거한 후 청결한 행주로 닦은 뒤 소독용 알코올을 분무한다.

식기 및 기물 관리

(7) 자외선 소독기 / 칼, 도마, 행주 관리

- 자외선은 표면 소독만 가능하므로 칼, 도마 소독고에 보관하는 칼, 도마 및 주방 소도구는 소독 면이 위로 가도록 하여 보관한다.
- 자외선 전등에 불이 들어오지 않으면 소독효과가 없으므로 사용 중 불이 들어오는지 확인하여야 한다.
- 조리도구들이 수시로 보관되는 곳이기 때문에 철저히(하루 1회 이상 세척) 관리한다.
- 도마는 압축 고무나 아크릴로 만든 것으로 틈이나 금이 없어야 한다.
- 칼은 식품별로 구분해서 사용하여 교차오염을 방지한다.
- 행주는 5분 이상 자비소독한다.

자외선 소독기 및 칼, 도마, 행주 관리

(8) 직원 상해 발생 시 대처요령

상처 발생

- 상처가 생긴 손은 각종 병원성 미생물이 쉽게 자랄 수 있으며 특히 화농성 질환인 황색포도상 구균에 의한 전염에 주의하여야 한다.
- 손등에 상처가 생긴 조리원은 상처부위를 완벽히 차단하여 조리작업 시 식품 오염에 유의하여야 한다.
- 건강에 이상이 있는 직원은 반드시 보고를 거쳐 조리작업에서 제외시켜야 한다.

작업 제외 조건

- 작업 중 칼이나 날카로운 도구에 의해 상처가 났을 때

- 화상을 입었을 때

- 발열, 구토, 복통, 피부병이 발생하였을 때

영업장 준비약품

위생상비약 구비

➕ 비상 구급품 비치 내용

화상약	화상용 연고나 화상용 바셀린 가제 구비
상처약	상처용 연고(예 : 마데카솔)
소독약	소독용 알코올, 과산화수소수 등 구비
1회용 밴드	1회용 밴드/조리용 특수 원색 밴드
고무골무	손가락용 고무밴드
기타	가위, 핀셋 등

2) 영업장 위생 점검표

점검일 : 20 년 월 일

결재	담당	2팀장	1팀장	부 장

구 분	점 검 내 용	업 장 별 위 생 점 수				
		영업장 1	영업장 2	영업장 3	영업장 4	영업장 5
식재료 관리 위생	○ 무 표시 원료 및 무허가 식품의 사용 여부					
	○ 반제품이나 완제품의 라벨 부착(원산지표시사항) 이행여부					
	○ 부패, 변질된 원료 또는 식품의 사용					
	○ 음식물을 실온에서 장시간 보관하고 있지 않은지					
	○ 냉장(5℃ 이하), 냉동(−18℃ 이하) 적정온도 유지					
	○ 식품을 바닥에서 15cm 이상 띄워 놓았는지 여부					
	○ 반제품, 완제품 보관 시 뚜껑이나 랩 사용 여부					
	○ 식재료의 유통기한 준수 이행 여부					
시설 및 설비의 위생	○ 조리장 내 방충 및 방서 확인					
	○ 기계, 기구류의 정리정돈 및 살균 · 소독 실시 여부					
	○ 폐기물의 분리수거 및 용기의 뚜껑 사용 여부					
	○ 조리장 및 사무실 내 금연 및 정리정돈					
	○ 조리장 및 주방바닥의 청소상태 또는 건조상태					
	○ 도마 및 칼의 용도별 구분 사용 및 소독 여부					
	○ 냉장 · 냉동고의 청소상태 및 정리정돈					
	○ 트랜치 및 구리스트랩(메놀) 청소여부					
	○ 식재료 운반카트의 청소상태					
개인 위생	○ 위생모의 착용 및 액세서리 착용여부					
	○ 조리작업 전 · 후의 손 세척 및 소독여부					
	○ 두발 및 복장 상태					
점수	매우 좋음 : 5점, 좋음 : 4점, 보통 : 3점, 불량 : 2점, 매우 불량 : 0점 합계 :					

3) 영업장 위생 업무일지

결재	담당	2팀장	1팀장	부 장

20   년   월   일

인원현황	총 원 : 명	보건증 명			
	근 무 : 명				
	휴 무 : 명				

업 장 별 위 생 상 태	업 장 별 위 생 상 태 (양호 : O, 불량 : X)					
	구 분	영업장 1	영업장 2	영업장 3	영업장 4	영업장 5
	유 통 기 한					
	온 도 관 리					
	식자재 관리					
	개 인 위 생					
	청 소 및 정 리 정 돈					
	선 입 선 출					
	라 벨 부 착					

금일 업무 및 고객 사고 처리	

4) 그림으로 보는 주방위생

(1) 시설위생 사례(개선해야 할 사항)

고무장갑 및 세척용 앞치마 분리 사용	주방바닥 홈 보완	냉장고 관리자 미지정
주방 내 목제 제품 사용금지	보관용기 불량	낙하세균 방지 불량
라벨 미부착	식품/작업화 분리 저장	

(2) 시설위생 적용사례(개선사항)

위생교육 게시판 운용	방문자용 위생복함 구비	육류 전처리과정 및 위생적 단계

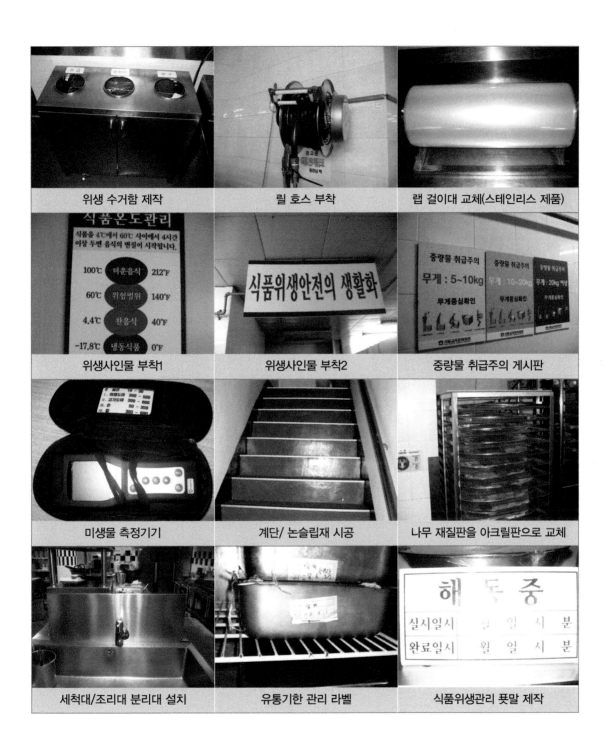

위생 수거함 제작	릴 호스 부착	랩 걸이대 교체(스테인리스 제품)
위생사인물 부착1	위생사인물 부착2	중량물 취급주의 게시판
미생물 측정기기	계단/ 논슬립재 시공	나무 재질판을 아크릴판으로 교체
세척대/조리대 분리대 설치	유통기한 관리 라벨	식품위생관리 픗말 제작

자외선 소독고 구매	폐기물 분리수거 실시	도마 소독조 제작
도마 건조대 제작 구매	식재료 적재대 제작	소스 쿨러 제작
랩 걸이대 제작	멀티박스를 이용한 정리정돈	위생행주 수거함 제작

STORY

3

:

외식업에서의 주방관리와 조리사 직무

STORY **3**

외식업에서의 주방관리와 조리사 직무

현대 외식사업 시장의 특징은 급속도로 발전하는 산업화로 인해 조리기구의 발달은 물론 글로벌화되어 가는 세계화 추세 속에서 다양한 외식문화의 등장이라 할 수 있다. 이에 한국의 외식업 역시 철저한 전문화 및 분업화로 진행되고 있으며 이에 본장에서는 외식업에 입문하기 전 조리입문자들이 알아두어야 할 주방의 본질적 개념과 주방조직의 구성 및 조리사들의 전문적인 지식을 바탕으로 수행해야 할 업무 중에서 가장 핵심적인 주방관리를 비롯해 메뉴관리, 구매관리, 원가관리에 대하여 서술하였다.

1. 외식시장에서의 주방의 의미와 특징

외식사업의 대표적인 수익 센터로서 식음료 생산을 담당하는 주방은 외식사업의 특성에 따라 여러 종류로 구성될 수 있으나, 그 핵심적 역할은 고객에게 맛과 멋을 제공하여 고객만족을 통한 기업의 수익성을 향상시키는 데 있다.

● 주방의 정의

- 고객의 취향과 기호에 알맞게 음식을 제공하기 위하여 전문적인 조리지식과 기술을 가진 조리사가 양목표(量目表, recipe)에 의한 조리작업을 할 수 있는 각종 조리시설 · 기구 · 장비 · 설비 등을 복합적으로 갖추어 놓은 일련의 공간(우성근, 1996)
- 주방이란 기술을 가진 조리사가 정해진 방법과 양목표에 의해 고객에게 판매를 목적으로 음식을 가공, 조리할 수 있도록 시설을 갖추어 놓은 일정한 장소(이보순, 2000)
- 주방이란 조리 상품을 만들기 위한 각종 조리기구와 식재료의 저장시설을 갖추어 놓고, 조리사의 기능적 및 위생적인 작업수행으로 고객에게 판매할 음식을 생산하는 작업 공간(고진철 등, 2004)
- 주방이란 식품이 함유하고 있는 영양소를 미각적으로 맛있게, 위생적으로 안전하게, 시각적으로 보기 좋게, 영양적으로 손실이 적게 음식을 만들거나 차리는 방 또는 조리를 위하여 준비를 갖춘 방이나 기타 공간을 의미한다.(김종성, 1993)

이러한 정의를 바탕으로 주방은 "**조리사가 고객의 욕구와 필요를 충족시킬 수 있는 상품을 만들어 내는 생산 공간**"으로 정의할 수 있다.

주방은 외식사업의 규모에 따라 다양하지만 일반적으로는 레스토랑의 상품 생산을 담당하는 영업 주방(outlet kitchen)과 이를 지원해 주는 메인 주방(main kitchen)으로 크게 나뉜다. 따라서 영업 주방과 메인 주방 간의 상호 협동적인 분위기는 조직의 성과를 달성하는 데 중요한 요인이 된다. 어느 기업이나 한두 직원의 능력으로 조직의 목표를 달성하기는 쉽지 않다. 이러한 관점에서 주방은 복잡한 인적자원으로 구성되며 조리업무를 보다 효과적으로 달성하기 위하여, 각각의 직원에게 업무를 규정하고 그에 따르는 권한과 책임을 부여하여 관계를 정립한 일체의 인적 구성체라고 할 수 있다. 비슷한 맥락에서 주방은 복잡한 인적자원으로 구성되어 있기 때문에 상하 동료 간의 긴밀한 협동이 요구되고, 인적자원 의존도가 큰 노동집약적 산업으로서 음식을 만드는 과정에서 조리종사원의 창의성과 기능을 요구하는 곳이라고 하였다.(이창국, 2000) 결국 외식사업 주방은 직무별로 구체적으로 세분화되어 있기보다는, 영업장의 고객, 업무상황에 따라 상호 유기적인 협력형태로 구성되어 운영되는 특성을 지닌다고 볼 수 있다.

1) 주방의 생산적 측면의 특성

외식사업 주방의 특성을 생산적 측면에서 살펴보면 다음과 같다.

첫째, 생산과 소비(판매)가 한 장소에서 이루어진다.

호텔 레스토랑과 외식서비스업 같은 전통적인 서비스업의 특징은 생산 지역과 소비 지역이 같은 장소 또는 서로 인접한 곳에 위치하고 있다는 점이다. 즉 식재료가 구매되어 조리과정을 거쳐 상품화되고 그리고 상품화된 메뉴가 고객에게 서비스되기까지의 과정을 생산활동이라고 할 때, 호텔 레스토랑과 외식서비스업은 생산과 판매가 한 장소에서 이루어지는 특징을 가진다. 그러나 최근 기술 혁신, 인건비 상승, 비용 절감을 위해 기존의 전통적인 방식에서 변형된 새로운 시스템이 도입되고 있다.(양일선 등, 2004)

둘째, 주문 생산을 원칙으로 한다.

일반 제조업의 경우는 잠재고객을 위한 대량생산 혹은 다품종 소량생산을 특징으로 하지만, 호텔 레스토랑과 외식서비스업의 생산방식은 고객의 개별주문에 의한 생산을 기본으로 한다. 주문생산에 의해 개별상품을 생산하는 것을 원칙으로 하기 때문에, 특히 연말연시의 경우 고객이 과다 집중할 경우, 호텔 레스토랑과 외식서비스업은 조리사의 스트레스가 크며 제한된 공간에서 주방설비 관리에 어려움이 따를 수 있다. 김영국(1997)은 지나친 주문생산방식의 의존은 생산성의 저하를 초래할 수도 있다고 지적하면서, 최근에 미리 반조리된 음식을 준비하여 제공한다거나, 고객 자신이 직접 조리하게 하는 방법을 제시하기도 하였다. 이러한 관점에서 본다면 호텔 레스토랑과 외식서비스업에서의 주문 생산은 만병통치약이 아니며 이를 위해 새로운 생산시스템의 대체가 필요할 수 있다.

셋째, 수요예측이 곤란하다.

호텔 레스토랑과 외식서비스업을 이용하는 고객의 유형별, 시간별, 요일별, 계절별 정확한 수요예측을 하는 것이 어렵기 때문에 생산 관리와 조직 관리에 어려움이 있고, 일정량의 재고(par stock)를 항상 가지고 있어야 하므로 재고 관리의 필요성이 대두된다. 특히 식자재의 경우 장기 보관할 수 없는 특징으로 인해 메뉴 관리와 원가 관리 등 주방 관리의 전반에 어려움이 따를 수 있다.

이상의 언급된 내용을 바탕으로 외식서비스업의 특성을 종합해 보면, 주방은 노동·기술 집약적인 특성을 지니고 있으며, 생산과 판매가 동시에 한 장소(공간)에서 이루어지는 생산과 판매의 동시성 특징이 있다. 또한 이용고객의 주문에 의한 개별생산으로 인해 메뉴의 종류가 많고, 수요예측이 곤란하다. 이로 인해 메뉴 관리, 재고 관리, 원가 관리 등 주방 관리 전반에 어려움이 따른다.

따라서 광의의 개념으로 주방의 개념을 다시 한번 정립하면 주방은 고객에게 제공되는 식음료 상품을 만드는 공간으로 식음료 상품의 질을 결정하고, 나아가 관리론적 차원에서 경영성과의 가장 중요한 역할을 하는 공간이라 말할 수 있다. 음식이라는 유형의 상품과 이를 판매, 서비스하는 무형의 생산품이 결부되어 하나의 이윤 발생구조를 이루는 공간이라고 말할 수 있는 것이다.

2) 주방의 기능

외식사업의 상품 생산기능을 담당하는 조리 부문은 환경 조건에 따라 외적 기능과 내적 기능으로 구분된다. 주방의 외적 기능이란, 조리 부문 외부의 상호관계(고객, 영업부 직원 등)에 의해 주고받는 영향을 의미하며, 주방의 내적 기능은 조리 부문 내부의 요소(구매, 검수, 조리 등)들에 의한 상호관계를 의미한다. 주방은 음식 생산을 위한 시설 기능은 물론이고 음식물을 조리하는 이외에 인적, 물적 서비스를 제공한다. 따라서 주방의 기능은 상품의 개발 및 생산, 마케팅 기능과 지속적인 생산성 향상을 위한 식재료관리, 노무관리, 설비관리 등으로 정리할 수 있다.

➕ 주방의 내 · 외적 기능

1. 고객 분석(소비성향, 소비주체)을 통한 메뉴의 상품화
2. 상품(메뉴)생산 및 고객의 요구에 따른 적합한 제공
3. 재무기능 : 인력관리를 통하여 노무비용 절감을 위한 인력관리기능, 효율적 구매관리를 통한 원가절감
   기능

2. 주방관리와 조직구성

1) 주방관리 개념

관리(Control)란 "다수의 인간 활동의 결합에 의하여 특정한 목적을 달성하고자 하는 행위인데, 이것을 단적으로 표현하면 타인으로 하여금 일을 하도록 하는 것"이라고 할 수 있다(박강수, 1993). 일반적 의미로 인적, 물적 자원을 지휘 감독하거나 통제하는 것이라 말할 수 있으며, 이와 같은 관리의 기본적인 원칙을 전제로 한다면 외식사업의 주방관리 역시 사전에 설정된 매뉴얼을 바탕으로 주방의 크기와 위치를 결정하고, 주방의 시설과 배치, 주방기물의 선정, 주방환경 등의 기본원칙을 바탕으로 영업장의 상황적인 변수를 고려하여 기능적으로 계획된 후 디자인되고 운영되도록 관리하여야 한다.

또한 외식업의 주방관리는 주방이라는 공간에서 고객에게 제공될 상품을 가장 경제적으로 생산하여 최대의 이윤을 창출하는 데 요구되는 사항들을 구체적으로 통제하는 것을 말하며 결국 주방관리는 주방이라는 특정 공간에서 가장 경제적으로 조직의 목표를 달성하는 데 사용하는 인적자원과 물적 자원의 효율적 운영이라고 말할 수 있는 것이다.

● 주방관리

- 광의의 주방관리: 주방의 조직(인력), 직무(조리), 위생, 안전, 메뉴, 원가, 구매, 판매관리 등을 포함하는 총 체적인 관리활동
- 협의의 주방관리: 음식을 생산하기 위해 기본적으로 요구되는 주방시설과 근로자 등을 체계적으로 관리 하는 것

2) 주방관리의 특성

주방은 하나의 생산조직이며 시스템이다. 그렇기 때문에 주방을 구성하고 있는 모든 요소들은 어떠한 형태로든지 조리과정에 영향을 미치며 작용하고 있다. 조리사, 주방설비, 조리기술, 식자재 등의 생산자원과 구매, 조리, 마케팅, 인력자원 관리, 원가관리 등의 관리기능은 모두 상호의존관계에 따른 상호작용을 하기 때문이다. 최소의 비용 투입으로 최대의 생산효과를 달성하고 이를 지속적으로 유지하기 위하여, 주방은 생산자원과 관리기능이 효율적으로 기능을 발휘하여야만 시스템으로서 유효성이 있는 것이다. 아무리 독립된 영업 주방이라 할지라도 독자적인 조리업무는 어렵기 때문에 상호 보완적인 관리 시스템을 갖추어야 하는 것이다.

3) 주방관리 운영의 중요성과 대상

외식경영에 있어서 주방이 차지하는 역할은 매우 크고 중요하다. 호텔을 예로 들면 현대 호텔경영에서 객실영업과 식음료 사업은 2대 수익발생 부문(Gerad W. Lattin, 1977)이며, 숙박업의 발전 초기와는 반대로 객실영업에 비하여 식음료사업의 중요성이 점차 제고되는 경향이 있다. 또한 현실적으로 외식사업의 시설과 설비가 훌륭하다 할지라도 주방에서 상품의 질이 최고급 수준을 유지하지 못할 때 고객감소로 이어져 외식사업 경영관리는 매우 어려워질 것이다. 외식사업 주방의 운영은 기본

적으로 시간 내에 고객이 주문한 식음료의 서비스할 수 있도록 하기 위한 능률적인 설비 및 주방인력의 이용과 계획은 물론 예상된 수량의 식음료를 올바르게 생산하는 데 대한 전반적인 내용을 대상으로 하고 있다(이정자, 1990). 그중에서도 **식재료의 관리와 인적자원 관리**는 주방운영관리의 핵심이다.

식재료의 구매, 저장, 관리를 과학적이고 합리적으로 하지 않으면 매출에 비례하여 손실이 크고, 시설, 설비, 비품으로부터 실제적으로 상품의 생산에 많은 비용이 필요하게 된다. 또한 인건비 역시 노동집약적 특성을 갖는 외식산업에 있어서 매우 중요한 문제이다. 인력관리에는 인력의 적재적소 원칙의 인사 관리 측면과 근무 인원의 효과적 활용, 나아가 적정 근무 인원의 산출 등이 있다. 여기서 인력의 적재적소 원칙은 업무의 수행 능력, 재능, 기타 본인의 희망 등 각 개인의 신상을 충분히 파악하여 가능한 본인의 의사를 최대로 고려 배치함을 의미한다(신라호텔 조리직무교재, 1994).

따라서 주방관리운영의 대상은
① 인적자원 관리
② 위생적이고 균등한 품질의 상품관리
③ 생산성 향상을 통한 원가관리로 요약할 수 있다.

3. 생산시스템에 따른 주방의 종류 및 역할

주방의 형태는 음식이 상품 가치와 동반하여 고객에게 제공되는 과정이기 때문에 상품의 질, 수량, 가격, 서비스의 형태 등에 의해서 나누어진다.

1) 주방의 생산시스템

Spears(1995)는 주방의 생산시스템을 크게 전통적(conventional or traditional), 중앙공급식(commissary), 조리저장식(ready prepared), 조합식(assembly/serve) 시스템 등의 4가지로 구분하였는데 각각의 특징을 살펴보면 다음과 같다(양일선 등, 2004).

첫째, 전통적(conventional or traditional) 생산시스템

전통적 생산시스템은 음식의 생산과 서비스가 모두 같은 장소에서 이루어진다. 그리고 생산된 음식은 필요에 따라 적절한 장소에 보관된 후 가능한 가장 빠른 시간에 서빙된다(나정기, 2000). 그런 까닭에 식재료 흐름 전반에 걸쳐 통제가 필수적이다. 구체적으로 Ninemeier(1998)는 메뉴계획, 구매, 검수, 창고, 출고, 준비, 조리, 보관, 서비스까지 식음료의 흐름으로 간주하였다. 과거 전통적인 푸드 서비스는 부처, 제과·제빵, 그리고 채소를 준비하는 곳이 별도로 갖추어져 있었다. 결국 전통적 시스템은 식품재료의 구매로부터 시작하여 조리가 완성되고 상품화하여 고객에게 제공된 음식에 이르기까지 각 단계가 한 장소에서 이루어진다고 할 수 있다(김재민·신현주, 1997).

전통적 생산시스템 방식은 고객의 다양한 요구를 충족시킬 수 있고, 메뉴 수정이 용이하며, 메뉴의 미생물적, 관능적, 영양적 품질 수준을 유지할 수 있는 장점을 가지는 반면에, 고객이 갑자기 증가할 경우 호텔 주방의 하드웨어와 소프트웨어를 적절하게 활용할 수 없으며, 수요예측 실패로 인한 재료의 낭비를 초래할 수 있고, 조리인력을 효율적으로 활용할 수 없어 인적자원 관리에 어려움이 따를 수 있고, 조리사 역시 불규칙한 고객 수요와 특정 시간에 조리업무가 집중되기 때문에 이로 인해 스트레스를 경험할 수 있다. 오랜 경험을 지닌 조리사가 필요할 경우 인건비가 증가될 수 있다.

둘째, 중앙공급식(commissary) 시스템

중앙공급식 시스템은 단위 영업장(outlet kitchen)에서 음식을 생산하여 서비스하던 시스템에서 탈피하여, 메인 주방(main kitchen)에서 이를 일괄처리 혹은 대량 생산하여 각 단위 영업장에 음식을 전달하는 체제이다. 즉 이 시스템은 멀리 떨어져 있는 많은 지역에 공급할 아이템을 생산하기 위해서 식재료를 집중 구매하여 마지막 준비와 서비스할 수 있는 상태로 준비한 후 분배할 수 있는 시설을 갖춘 곳이라고 설명할 수 있다(나정기, 2000). 이 시스템은 변환(transformation) 과정을 강조하는데, 구체적으로 여기에는 조달(procurement), 전처리(preprocessing), 생산(production), 보관(holding), 운반/배달(distribution), 위생과 유지(sanitation and maintenance) 등이 포함된다(Spears, 1995). 호텔에서는 오래전부터 뷔페 주방, 연회(banquet) 주방, 양식 주방 등에서 이 시스템을 적용해 오고 있다. 또한 커피숍과 룸서비스 주방처럼 공통적인 메뉴가 존재할 경우 시너지 효과를 이룰 수 있다. 호텔에서 외식사업부를 운영할 경우에도 적용가능한 방식이다.

중앙공급식 주방은 1970대 초 미국에서 인건비 상승, 인력 감소, 이직률 증가에 따른 어려움이 부각되면서 관심을 끌게 되었다. 나정기(1998)에 의하면 이 방식은 식재료 흐름을 간단하게 할 수 있으며, 생산활동을 축소할 수 있고, 각 주방의 시설과 공간, 그리고 인원과 기능을 최소화할 수 있어 결국 생산성의 향상효과를 이룰 수 있다고 제안하였다. 추가로 이 시스템은 특정요리를 중심으로 한 단일(單一)기능 중심에서 모든 요리를 다룰 수 있는 다기능(多技能) 중심으로 요리사의 경력을 개발할 수 있는 부수적인 효과도 있다고 하였다. 그렇지만 중앙공급식 시스템은 생산과 서비스가 분리되어 있어 운반과 보관 문제가 발생할 수 있고, 시간 간격에 따른 음식의 미생물적, 관능적 품질의 수준이 저하될 수 있다(양일선 등, 2004).

셋째, 조리저장식(ready prepared) 시스템

조리저장식 시스템은 음식을 조리된 형태로 미리 준비하여 보관하였다가 서비스 직전에 재가열하여 제공하는 방식이다. 즉 이 시스템은 메뉴 아이템이 생산된 후 서비스될 때까지 냉장 또는 냉동된 상태로 보관된다. 조리저장식 시스템에서는 즉시 제공하기 위해서 메뉴상의 아이템을 생산하지 않고 일단 저장한 후 사용할 목적으로 생산하는 것이 전통적인 시스템 유형과 다른 점이다(나정기, 2000). 이 시스템은 음식의 생산과 소비가 시간적으로 완전히 분리되는 특징이 있다. 음식 저장방식은 크게 조리-냉장(cook-chill), 조리-냉동(cook-freeze), 수비드(sou-vide) 방식이 있다. 조리-냉장 방식이란 메뉴를 서비스하기 전에 음식을 미리 조리하고 이를 급속 냉각시켜 3℃의 온도대로 냉장 보관한 후에 재가열하여 서비스하는 방식을 말한다. 특히 완제품인 수비드 방식에 의해 생산된 음식은 항상 일정한 품질과 위생적인 면에서 거의 문제가 없는 것으로 나타났다(최영준, 2000). 또한 조리-냉장 방식은 1960년대 초부터 미국의 단체급식(학교나 산업체)에서 이를 적용하기 시작하였고, 국내에서는 기내식에서 이 방식을 활용하고 있다. 호텔의 경우에도 연회장에서 사용하는 냉동커피는 많은 고객을 서비스해야 할 경우 유용하게 사용되며, 냉장식품이나 냉동식품 등으로 표현되는 편의식품의 사용 빈도가 예상되는 현재 새로운 생산 방식으로의 변화는 필수적으로 검토되어야 할 시점이라고 판단된다. 조리저장식 시스템의 장점은 생산량을 계획적으로 조절할 수 있고, 우수 인력을 전문적인 조리작업에만 투입할 수 있어 조리사의 능률을 최대화할 수 있고, 그 자신 역시 특정시간에 업무 집중으로부터 해방되므로 스트레스가 감소된다. 뿐만 아니라 재고를 통제할 수 있어 재고 비용, 재고 회전율(inventory turnover), 재고자산 보유일수(number of days of inventory on hand)를 최적화할 수 있게 되어 결국 원가관리를 통한 원가절감을 거둘 수 있다. 추가로 고객의 다양한 욕구와 필요를 충족하기 위한 다양한 메뉴공급이 가능할 수 있다. 반면 이 시스템의 단점은 냉장, 냉동 등의 시설과 주방기기를 추가로 필요로 하여 투자비용이 증가될 수 있고, 이를 다루기 위한 조리사 교육이 필요하며, 냉동보존 음식에 대한 재가열 과정에서 음식의 조직이나 질감이 많이 달라지거나 냄새가 나는 문제점이 발생할 수 있다(양일선 등, 2004).

넷째, 조합식(assembly/serve) 시스템

조합식 시스템은 일명 편의식푸드서비스(convenience foodservice) 혹은 최소 조리 컨셉(minimal cooking concept), 전처리과정이 거의 필요 없는 원재료 즉 가공식품 혹은 편의식품을 대량 구매하여 보관하였다가, 최소한의 조리나 재가열하여 바로 서비스되도록 하는 방식이다. 즉 최대한 사전에 준비된 상태의 식재료가 대부분이며 준비와 조리를 요하는 식재료는 거의 없다. 저장, 취합, 가열, 그리고 서비스 기능만이 행하여지기 때문에 저장과 준비, 생산에 소요되는 인건비와 기기, 그리고 공간을 최소화할 수 있다(나정기, 2000). 외국에서는 인건비 상승, 인력난, 이직률 등의 문제점을 해결하기 위한 대안으로 각광받고 있다. 편의식품에 대해 호텔 식음료 관리자(주방이나 레스토랑)는 부정적인 선입견을 지닐 수 있으나, 요즘에는 식품 제조기술의 발전으로 인해 고품질의 편의식품이 많이 생산 보급되고 있으며, 점차 편의식품에 대한 사용 빈도나 도입 여부를 진지하게 검토해야 할 필요가 있다(신재영 · 조구현, 2000).

조합식 시스템의 장점으로는 음식의 질이 동일하게 유지되고, 최소의 주방기기로 빠른 서비스가 가능하다. 특히 편의식품의 사용으로 노동시간이 감소되고 숙련된 조리사의 필요성이 감소되므로, 인건비가 절감되며 생산성이 증가될 수 있다. 또한 가열단계에서 음식의 중량은 거의 줄지 않고, 영양 면에서도 비타민, 지방, 단백질 등이 가열단계에서 분해되는 것이 방지된다고 하였다(최영준, 2000). 반면 이 시스템은 가공, 반가공 상태에서 구매하는 관계로 식재료 원가가 상승할 가능성이 있고, 저장 공간이 별도 추가될 수 있다. 아울러 고객의 음식에 대한 만족도가 저하될 우려가 있다.

2) 영업형태에 따른 주방의 분류

(1) 전통형 주방

전통적 생산시스템 주방으로 볼 수 있으며, 조리공정 즉, 구매, 전처리, 조리, 판매가 같은 장소에서 이루어지는 형태의 주방으로, 소규모 음식점에 적합하다.

(2) 편의형 주방

조합식 생산시스템 주방으로 볼 수 있으며, 조리업무는 하지 않고 판매만을 위한 주방으로, 완전 or 반가공된 식재료(편의식품)를 사용하는 주방형태이다.

(3) 혼합형 주방

생산과 판매가 한곳에서 이루어지고 전처리 공간, 세척공간, 저장공간, 조리 완성공간 등으로 구획은 구분되어 있으며 비용의 최소화는 가능하나, 투자비가 많이 소요되는 전통형 주방의 형태이다. 전문화를 이루어 연속적으로 작업이 이루어지는 곳에 적합한 형태이다. 음식의 생산과 소비가 시간적으로 완전히 분리되는 특징만 제외하면 일종의 조리저장식 시스템으로 볼 수 있다.

(4) 분리형 주방

전처리 준비작업, 조리업무를 수행하는 공간과 마무리 조리업무 공간이 분리되어 있는 주방으로 대량 생산에 적합한 주방이다. 생산적 측면에서 중앙공급식 주방이 여기에 해당될 수 있다.

3) 기능에 따른 주방의 분류

주방은 기능에 따라 메인주방(Main Kitchen)에 소속되어 Hot Kitchen, Cold Kitchen(gardemanger), Butcher shop, Bakery & Pastry 주방으로 구성되며 이러한 기능에 의한 주방의 분류는 전문화, 표준화가 용이하고, 비용절감과 신상품개발이 용이하며, 분업화, 대량구매를 통한 인건비와 원가절감의 효과가 있다.

(1) 지원주방(Support Kitchen)

분류	역할
 더운 요리주방 (Hot Kitchen)	soup, sauce, stock 등을 조리하여 단위영업장에 공급해 주는 주방으로 더운 음식을 주로 만든다. 외식업에 있어 음식의 질(맛)을 좌우하는 핵심주방이다.

분류		역할
찬 요리주방 (Cold Kitchen, Gardemanger)		appetizer, sauce, salad bar, cold item을 단위영업장에 공급해 주는 주방으로 주로 찬 요리를 만드는 주방이다. 색과 모양을 중요시하는 음식을 만들며, 특히 위생적인 상품관리에 주의해야 한다.
어 · 육류가공주방 (Butcher Kitchen)		영업장 내 주방 전체에서 사용하는 육 · 어류를 각 업장에서 신청받아 부위별로 효율적으로 공급함으로써 식품재료 원가관리에 있어 가장 중요한 업무를 담당하는 주방이다. 각종 육류, 생선류 등을 부위별로 손질하고, 햄 · 베이컨 · 소시지를 생산하여 공급하는 주방 근래 들어 축소되는 형태이다.
제과 · 제빵주방 (Pastry and Bakery Kitchen)		빵, 케이크, 초콜릿, 쿠키 등의 제과제빵과 디저트를 생산하여 단위영업장에 공급해 주는 업장으로 제빵은 토스트(Toast Bread)용 빵과 아침식사에 필요한 Soft Rolls, Croissants, Muffins, Pasties 등 빵(Bread)류를 제조하고, 제과는 후식으로 제공되는 더운 후식과 Creams, Puddings, Cakes, Pies, Tarts 및 Decoration Cakes, Cookies 등을 생산한다.

(2) 영업주방(Business Kitchen)

영업주방은 지원주방의 지원을 받으면서 고객의 주문에 의해 직접 음식을 만들어 판매하는 주방으로 조리장은 상품의 가치성을 높이며, 주방업무의 운영을 보다 효율적으로 산정하고 인원을 배치하여야 하며, 각 담당별로 업무가 원활하게 이루어지도록 세심한 주의를 기울여야 한다.

분류		역할
연회주방 (Banquet Kitchen)		연회행사를 전문적으로 수행하는 주방으로 대개 메인 주방에서 운영한다. 주요리 및 중간코스 요리는 연회주방에서 준비하고, 수프(Soup)류는 메인(Main Production)주방에서 직접 준비하지만, 기타 음식은 각 부서에서 준비하여 음식 제공시간에 맞게 운반하여 고객에게 제공하는 업무를 수행한다. 이러한 형태는 전문조리기술을 통한 높은 음식의 질(Quality)을 유지하는 데 도움이 된다.

커피숍주방 (Coffee Shop Kitchen, Roomservice Kitchen)		커피숍주방/ 룸서비스주방은 일반적으로 통합 운영되며, 고객의 접근성이 용이하여야 한다. 객실에 투숙한 고객 및 work-in 고객(불특정 다수의 고객)에게 식음료를 제공하는 업무를 수행한다. 조식뷔페, 일품요리(A LA Carte), 커피, 차를 제공한다.
뷔페주방 (Buffet Kitchen)		자체적으로 또는 메인 주방과 기타 주방의 지원을 받아 여러 종류의 다양한 음식을 생산하는 뷔페주방은 많은 종류의 음식을 준비하기 때문에 높은 원가부담은 있으나 식자재 재고(Left over)를 효율적으로 활용할 수 있는 이점이 있다. 뷔페주방은 각 나라의 특색있는 음식을 조리하기 위하여 한식, 중식, 일식, 서양요리, 샐러드(Salad) 그리고 제과 · 제빵담당으로 구분하여 업무를 수행하며, 근래에는 즉석요리 부분을 강화하는 특징이 있다.

(3) 업장별 분류(Restaurant Kitchen)

한식, 일식, 중식, 프랑스식, 이태리식 등의 국가별 고유음식을 생산하는 주방

(한식주방) 전통조리, 약선조리, 사찰조리	(양식주방) 프랑스식 식당, 이탈리아식 식당, 미국식 식당 등

| (중식주방) | (일식주방) |
| 북경식, 사천식, 광동식, 남경요리 | 초밥코너, 칼판, 익힘요리, 철판요리 |

4. 주방의 조리업무 및 직무관리

1) 조리의 개념 및 목적

조리의 개념은 식품을 위생적으로 적합하게 처리한 후 먹기 좋고 소화하기 쉽도록 하며, 또한 맛있고, 보기 좋게 하여 식욕이 나도록 하는 과정을 말한다.

조리는 식품 자체의 성분 및 형태의 변화를 일으켜 소화·흡수를 돕고 위생적인 안전을 도모하는 것을 목적으로 한다.

➕ 조리의 목적

① 음식의 소화성을 높인다. ② 식품의 외관을 좋게 한다.
③ 식품의 풍미를 증진시킨다. ④ 식품의 영양가를 보존 및 향상시킨다.
⑤ 식품을 위생적으로 안심할 수 있도록 한다. ⑥ 식품에 다양성을 준다.

근래 들어 조리의 개념은 영양소의 절대 섭취보다는 건강식에 대한 배려를 중요시하고, 최근 편의식이 갖는 영양상의 불균형이나 각종 첨가물에 대한 허용기준 등의 문제에 대한 관심이 고조되어 가는 추세이다.

2) 주방업무 및 조직 구성

주방조직은 인적 · 물적 요소가 복합되어 있으나 주방조직의 실질적 업무는 인적자원에 크게 의존한다. 그러므로 주방조직이 설정한 목표를 달성하기 위해서는 주방조직의 업무관리에 있어서 개개인의 성향과 능력을 파악하는 것이 관리자로서 매우 중요한 문제로 대두된다.

주방조직의 업무를 살펴보면 다음과 같은 것이 있다.

● **주방업무**

① 주방의 직무관리   ② 인적자원관리
③ 주방시설관리업무   ④ 판매예측업무
⑤ 생산업무   ⑥ 사후관리업무

(1) 주방업무

① 주방 직무관리

- 주방은 직무분장(매뉴얼)에 따른 통제가 이루어져야 한다.
- 생산은 사전계획을 통하여 생산되어야 한다.
- 표준구매, 표준검수, 표준조리법과 등과 같은 규정 및 방침들은 문서화되어 있어야 하며 이를 모든 구성원들이 숙지하여야 한다.
- 종사원의 교육 · 개발 · 통제를 통하여 표준시스템을 항상 유지해야 한다.

② 인적자원관리

- 주방조직이 상품을 적절한 품질로 필요한 시간에 정확하게 만들 수 있는 목표를 달성하기 위한 주방 인적자원을 계획 · 수급 · 배치 · 전환 · 통제하고 안전 및 위생 교육을 행한다.

③ 주방시설관리업무

- 상품의 질을 결정하는 핵심적 요소로서 고객과 주방종사원의 만족을 동시에 도모해야 한다. 특히, 현재 생산하고 있는 상품의 원활한 작업수행 및 그 기능의 유지를 위하여 지속적이고 객관적인 시설관리가 필요하다.

④ 판매예측업무

- 기초 자료를 바탕으로 과학적 분석과 경험을 활용한 예상 고객 수 산출 → 식자재의 구매 및 작업계획 수립, 과거 생산기록, 환경적 변화 등을 세심하게 관찰한다.

⑤ 생산업무

- 고객이 만족할 수 있는 상품 개발과 제공, 제공된 상품의 품질 유지, 직원 교육 및 숙련된 조리사 양성

⑥ 사후관리업무

- 조리 상품 생산 후 판매하는 과정을 통해 다양한 고객의 정보수집, 활용, 미비점 보완

(2) 주방의 조직구성

상품의 생산, 식재료의 구매, 인력관리, 메뉴관리, 시설관리 등 조리상품과 주방운영에 관계되는 전반적인 업무의 효율적 수행을 위한 인적 구성

주방조직 운영 시 고려사항

주방조직 운영 시 다음과 같은 사항을 염두에 두어야 한다.

유연성

어떠한 조직을 운영하건 간에 원칙은 중요하다. 그러나 유연성이 결여된 원칙은 곤란하다. 외식사업에 있어 불특정 다수의 고객을 대면하게 되는 곳이 주방 종사원들이다. 따라서 운영매뉴얼상의 원칙만을 고수하여 고객의 만족도를 하락시키는 우(憂)를 범하지 말아야 한다. 또한 상품 생산에 있어서도 상황에 맞는 생산량 조절 능력을 갖추어야 한다.

조정성

다양한 서비스 상황에서 고객의 요구와 변화에 적절히 대처하여야 한다.

단순성

모든 조직 관리에서 업무가 복잡해지면 효율성과 효과성 측면에서 조직에 이로울 것이 없으므로 업무의 단순화 작업이 요구된다.

용이성

단순성과 비슷한 개념으로 작업수행에 있어 시설, 장비 등은 사용하기 용이하여야 하며 위생관리에 있어서도 편리성이 요구된다.

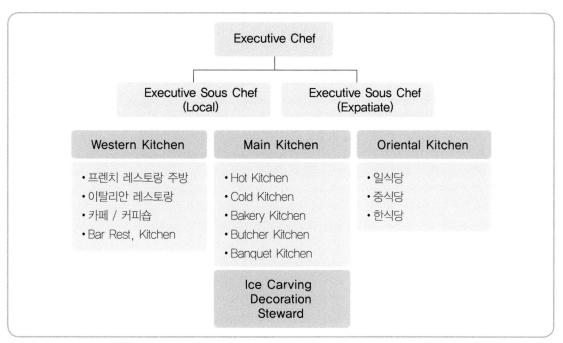

주방조직도 및 업무내용(호텔 및 외식 주방 조직도)

총주방장(Executive chef)

생산부서인 주방의 운영을 계획, 실행, 통제하는 최고 책임자로서 주방운영 전반에 관한 인사, 교육, 메뉴관리와 새로운 메뉴개발, 원가관리, 주방시설관리 등 식음료 생산에 관련된 전반적인 책임을 진다. 일반적으로 대규모 호텔의 경우 총주방장은 전반적인 운영과 관리를 중점적으로 책임지며, 생산은 단위주방 조리장이 담당한다.

• 경영 전반에 걸쳐 참여하고 기획, 집행, 결재
• 종사원의 안전관리 및 메뉴 개발

특급호텔의 경우 총주방장을 돕는 부총주방장(sous chef)을 두어 역할을 분담하기도 한다. 그러나 규모가 작은 호텔의 경우에는 총주방장이 운영과 생산을 모두 관리한다.

단위주방장(Sous chef)

단위영업장의 전반적인 음식 생산에 책임을 진다.

- 총주방장과 부총주방장을 보좌. 단위 주방부서의 장으로서 역할을 수행
- 중간 관리자로서 업무계획, 식자재 구매와 관리, 원가율을 유지, 스케줄 작성, 기타 행정적인 관리업무를 수행한다.

조리사(cook), 조리장을 도와 여러 가지 조리방법에 따라 음식을 준비한다. 전문요리사인 first cook과 숙련요리사인 second cook으로 세분된다. 주요 업무는 식재료 유지관리, 식재료 준비, 음식의 조리(cooking), 냉장고 관리 등 실제 조리과정의 업무를 수행한다.

1급 조리사(1st cook ; 수석조리장 Chef de partie)

- 기술적인 측면에서 최고 기술을 낼 수 있는 직급이다.
- 고객에게 제공될 때까지 생산에서 서브까지 세분화된 계획을 수립한다.
- 조리의 중추적인 생산라인을 담당한다.

2급 조리사(2nd cook ; 부조리장 Demichef de partie)

- 1급 조리사와 함께 전반적인 생산라인에서 상품의 품질과 맛을 낼 수 있는 직급이다.
- 1급 조리사 부재 시 업무대행과 직접적인 생산업무를 담당한다.

3급 조리사(3rd cook)

- 단순한 조리작업을 수행한다.
- 상품 생산을 위한 식재료의 전처리 작업을 수행한다.

조리보조(Cook-Helper)

주방청소, 필요한 식재료를 창고로부터 수령, 육류, 생선, 야채 등의 식품을 조리하기 위한 준비과정(preparation), 간단한 품목의 요리를 담당하는 직책이다.

- 조리실습생(Trainee) – 식재료수령 등 단순업무 수행

기물관리(Steward)

주방의 모든 집기의 세척 및 위생을 담당. 주방의 청소, 식기, 유리그릇(glass), 은기류(silver), 도자

기(china) 등의 세척 및 보관, 기물의 적정 수량 확보, 주방 전반의 위생관리를 담당한다. 근래에는 아웃소싱(outsourcing)형태로 운영되는 추세이다.

얼음조각(Ice Carving / Decoration)

아이스 카빙의 경우 메인 주방에 배속되어 연회행사 시 필요한 장식의 업무를 수행하고, 꽃방 즉 업장 내 소품을 담당하는 경우는 영업부에 배속되는 것이 관례로 업장 내 소품 및 장식의 업무를 수행한다.

5. 매뉴얼(Manual) 관리

"매뉴얼(Manual)"은 외식사업 운영의 핵심요소로서 효과적인 사업 운영관리를 위한 각 지점의 통제도구이며 관리도구이다. 매뉴얼은 운영 매뉴얼, 메뉴 매뉴얼, 위생 매뉴얼, 조리 매뉴얼, 서비스 매뉴얼, 트레이닝 매뉴얼 등 외식운영에 있어 각 지점의 통제도구로 다양하게 활용된다. 특히 주방 관리에서는 위생관리, 구매관리, 메뉴관리, 원가관리로써 두루 사용되는 도구로 그 의미는 직원의 효율적 운영이라 할 수 있다. 주방관리에서 "매뉴얼"이라는 개념은 표준 업무지침을 마련하여 그에 따른 확인 즉, 일정 시점에서 업무내용을 표준이 되는 것과 비교 분석 즉, 확인하는 행위이다. 외식경영관리에서 요구되는 모든 업무의 내용을 설정하여 경영자가 사전에 설정한 목표를 보다 효율적으로 달성할 수 있는 의사 결정의 요약체계로 인식하면 될 것이다.

이러한 관점에서 주방관리에서 이용하는 매뉴얼은 종사원을 단속하기 위한 도구로 구성되어서는 안 되며 외식운영 관리활동의 전반적인 내용을 지속적으로 모니터링하여 비효율성을 지적하고 효율적으로 관리하기 위해 필요한 조치를 내릴 수 있도록 운영되어야 한다. 매뉴얼은 정확한 객관성을 가져야 하며 지속성과 함께 현실성, 적합성이 있어야 한다. 때로는 업무에 관하여 유연한 접근이 필요할 때도 있다. 일례로 고객응대 시 정해진 매뉴얼대로 직원이 움직일 때 벌어질 수 있는 상황도 고려하여야 하며 구체적으로 직원이 보편적이고도 원활하게 업무를 진행할 수 있는 구성으로 설계되어야 한다.

특히 운영 면에서 매뉴얼은 각 지점에서의 관리 시스템의 정립이 매우 중요하다. 외식업체의 영업활동의 흐름은 메뉴선정 → 구매 → 검수 → 저장 → 출고 → 준비 → 생산(저장) → 판매 → 분석 → 사후분석(Feedback) → 구매의 반복적인 순환으로 이루어지는데 운영관리 중 접점에서 관리가 미흡

할 경우 책임소재 분쟁의 우려가 있고 직원들의 주의 있는 관심이 결여될 경우 기업 이윤적 측면에서 손실이 발생될 수 있으며 원인 파악 또한 어렵게 되어 경영상의 어려움을 겪게 될 것이다.

매뉴얼 작성의 방법으로는 계획에 의거한 정보의 수집과 작성 및 실행, 사후평가의 순으로 이루어 질 수 있다. 즉, 식재료의 구매를 예로 들면, 구매계획에서는 철저한 시장조사, 검수 · 저장 단계에서 는 안전한 재료관리에 관계되는 모든 요소와 절차를 정립하여 향후 미비점을 분석 보완하여 문제점 이 재발생되지 않도록 시스템을 구축하는 것이라 할 수 있다. 외식사업 운영에 있어 훌륭한 매뉴얼 설계야말로 목적을 달성하기 위한 구체적이고 체계적인 방법과 절차, 정해진 목적을 실행할 당사자 의 참여 정도에 따라 생산성 높은 통제 시스템을 이루어 낼 수 있다.

➕ 매뉴얼 관리

"매뉴얼(manual)"이란 외식사업 운영의 순환 프로그램에서 각각의 업무 중 문제점이나 비생산적인 요인을 분석하여 업무 흐름을 순조롭게 진행할 수 있도록 만들어 놓은 관리도구로서 업무별로 직무분장, 작업순 서 및 범위를 표준화한 절차서이며 매뉴얼은 항상 정기적인 관리가 이루어져야 한다. 또한 운영상의 접점 관리의 도구로 사용된다.

현실적으로 완전한 매뉴얼 관리란 상시 영업활동의 모든 과정을 포괄적으로 관리하는 것으로 표준 설정 → 실제와 표준비교분석 → 수정실행 관리절차로 마무리하는 것으로 요약할 수 있다.

1. 표준설정 : 개념정립, 정보수집, 계획

2. 실행관리 : 위생관리, 메뉴관리, 구매관리, 생산관리, 재고관리, 서비스관리

3. 사후관리 : 각 지점의 분석

• 매뉴얼의 조건 : 객관성, 유연성, 현실성, 적합성, 지속성, 보편성, 시의 적절성

6. 주방 메뉴관리(Menu control)

1) 메뉴관리의 개요 및 기능

외식업에서 "메뉴"는 라틴어의 "Minutus"에서 유래되었으며, 영어의 "Minute"에 해당하는 말로서 '상세히 기록하다'라는 의미를 지니고 있다. 조리장에서 나오는 요리의 원료로부터 조리방법까지, 제 공받는 사람에게 상세히 소개하는 방법으로 "Detailed Record" 혹은 "Detailed List"로 표현하기도 한

다. 1541년 프랑스의 '부랑위그' 공작이 연회행사 때 "이것은 이 정찬의 요리표입니다"라고 대답한 것이 유래가 되었으며, 이후 19세기에 일반 레스토랑에서 사용되기 시작했다(외식용어해설, 21세기외식정보연구소).

메뉴의 사전적 의미로는 음식점에서 만들 수 있는 음식의 종류와 가격을 써 놓은 표, 혹은 "차림표" 등의 의미로 사용되고 있으며, 외식업 운영의 전체 과정의 측면에서 "내부적인 통제 도구일 뿐만 아니라 판매, 광고, 판매촉진을 포함하는 마케팅 도구이다"(Ninemeier, 1998)라고 정의 내려질 정도로 외식사업 전반에 걸쳐 영향을 미치고 있다. 따라서 최근 메뉴에 대한 시각은 내부 관리적인 측면과 마케팅적인 측면이 동시에 강조되고 있는데, 특히 주목해야 할 점은 메뉴의 기능 중 마케팅 측면(판매도구의 기능)의 고객과의 커뮤니케이션 기능이라 할 수 있다. 이것은 메뉴 역할에 있어서 가장 핵심적인 기능으로 레스토랑의 전체적인 분위기 즉, 상품, 가격, 서비스의 방법 등을 표현함으로써 고객은 상품목록을 보면서 레스토랑의 영업형태와 객단가 등을 파악할 수 있다. 아울러 관리적인 측면에서 레스토랑의 특성과 이미지를 표현하고 고객의 선호도를 파악할 수 있어 외식운영관리의 중요한 자료로 이용된다.

따라서 메뉴의 개념과 역할은 판매도구로서 고객에게 상품의 가격과 내용, 서비스 형태가 기록되어 합리적인 선택을 제시하고, 종사원은 상품의 맛과 영양을 고려한 조리, 식재료관리의 업무흐름을 결정하며, 경영주 측면에서 고객의 신뢰성 확보를 통하여 레스토랑 포지셔닝의 도구, 판촉의 도구 및 영업장 설비의 기준을 제시하여, 수익성을 높여주는 중요한 관리도구로써의 역할을 수행한다.

2) 관리적 측면과 마케팅 도구로서의 메뉴관리

(1) 관리적 측면의 메뉴관리

메뉴관리에 있어서 관리적인 측면의 요소로는 원가관리 측면에서 생각해야 한다.
메뉴관리의 원가관리는 상품요소와 인적관리로 나눌 수 있다.

상품적인 측면
- 예산 : 객단가에 맞는 적절한 원재료의 원가관리
- 메뉴에 따른 식재료의 적합성 : 레스토랑의 분위기와 서비스 형태에 맞는 식재료의 선택
- 시장상황 : 원활한 원재료의 공급

인적관리 측면

- 종업원의 숙련도 : 메뉴 구성에 맞는 조리 및 식음료 종사원들의 업무인지도
- 시설, 장비 : 메뉴에 맞는 적절한 주방장비의 선택
- 생산형태에 따른 근무여건 : 설계된 메뉴에 따른 효율적 생산시스템 구축

(2) 마케팅 도구로서의 메뉴관리

마케팅 도구로서의 메뉴관리는 일차적으로 음식의 질, 영양, 조리방법, 분위기 등의 여러 가지 요인이 있으나 세심하게 주의를 기울여야 되는 부분은 설계된 메뉴의 가격결정이다.

가격은 상품 가치척도의 기준이 되며, 수요와 공급의 조절기능을 가지고 있다.

일반적으로 상품의 가격결정은 기업의 전략적인 의사결정과 연계되어 있다. 전략적인 의사결정의 의미는 과학적인 계산방식에 의한 결정이 우선되기는 하나 고객이 먼저 가격에 대하여 충분히 공감할 수 있어야 된다는 것을 알아야 한다. 고객의 가격에 대한 공감 속에는 기업의 전략적인 측면, 즉 이익의 극대화라는 기본적인 목표가 숨겨져 있다. 따라서 상품의 가격 결정은 고객의 공감을 바탕으로 수요와 경쟁을 통한 기업의 이윤 추구로 귀결된다.

3) 메뉴분류(Menu classification)

(1) 제공기간에 의한 분류

고정메뉴

일정기간 동안 메뉴 품목이 변하지 않고, 반복적으로 제공되는 메뉴로서 영업장의 대표메뉴로 볼 수 있다. 고정메뉴는 반복되는 업무로 생산성을 높일 수 있고, 식재료 구매관리가 용이하나, 고객의 취향에 적극적으로 대처하기가 어렵고, 충성고객에 대한 특별 관리가 필요하다.

순환메뉴

월(月) 또는 계절별로 일정한 기간을 가지고 변화하는 메뉴로서 뷔페 같은 단위영업장에서 이용된다. 숙련된 조리사에 의한 메뉴 조절능력과 조리기술을 필요로 한다.

새봄 특선(계절메뉴의 例)

수시 변환메뉴

영업장의 특별한 행사기간에 판매되는 메뉴와 시장상황의 식재료에 따라 특별행사 형식으로 운영하는 메뉴이다.

(2) 메뉴 내용에 따른 분류

정식 메뉴(Table d'hote menu)

서양요리에서는 'Full Course Menu'로 표현되고 한식요리에서는 한정식 혹은 반상차림으로 고객의 기호에 맞춰 구성된다.

음식의 코스가 세트화되어 있고 가격도 비싼 편이다.

➕ **서양식 메뉴와 한정식 메뉴의 제공흐름**

정식메뉴(table d'hote)는 아래와 같은 순서로 제공된다.

① 5 Course(전채 → 수프 → 주요리 → 후식 → 음료)

② 7 Course(전채 → 수프 → 생선 → 주요리 → 샐러드 → 후식 → 음료)

③ 9 Course(전채 → 수프 → 생선 → 셔벗 → 주요리 → 샐러드 → 후식 → 음료 → 식후 생과자)

죽류(물김치) · 냉채류(탕평채/해파리) · 생선류(연어쌈) · 육류(너비아니) · 신선로(탕) · 전유화 · 진지(찬) · 후식류

근래에는 한정식 메뉴 제공 시 전통적인 방법에서 벗어나 새로운 서비스 형태가 나타나고 있다.

식전주(wine or 전통주) · 식전 먹거리 · 냉채류 · 죽류 & 간단요리(월과채) · 생선요리 · 주요리(육류 : 등심구이) · 진지와 탕반류 · 후식(전통차, 효소, 전통떡)

例) 와인 2종 & 전통주

화이트와인 : Chablis Premier Cru billaud-simon 2007

레드와인 : Chateauneuf du Pape Clos des L'Oratoire des Papes 2006

전통주 칵테일

메뉴 제공의 例

① 오색밀쌈, 해산물과 견과류

② 송이면(송이를 얇게 썬 채와 야채 부케 & 닭고기 수프)

③ 성게알찜

④ 생선구이와 생절이

⑤ 곶감 한우등심구이와 쌈

⑥ 진지와 탕, 별미 탕반류

⑦ 전통후식(전통음료, 전통떡, 생 · 숙실과, 효소)

⑧ 한차와 과즐

일품요리 메뉴(A La Carte menu)

고객이 원하는 품목만을 선택하여 가격을 지불하는 형태의 메뉴로서 객단가 측면에서 유리하고, 고객의 기호에 따라 선택의 폭이 넓으나 식재료 및 메뉴 관리가 어려운 특징이 있다. 정식으로 세트화되어 있지 않은 메뉴를 일컫는다.

한국음식의 일품요리

해물전골 일품요리 메뉴   꼬리곰탕 일품요리 메뉴

뷔페 메뉴(Buffet menu)

셀프서빙 방식으로 제공되는 메뉴이며 가격에 따라 종류가 매우 다양하다. 영업형태에 따라 오픈 뷔페(Open buffet)와 클로즈드 뷔페(colsed buffet)가 있다.

뷔페는 전체적인 식음료 운영상 식재료 관리가 용이한 업장이다.

- 오픈 뷔페(Open buffet) : 불특정 다수를 대상으로 영업
- 클로즈드 뷔페(colsed buffet) : 모임, 피로연 등의 연회 형식

뷔페 메뉴(Buffet menu) 테이블 세팅

연회뷔페 테이블 세팅

정식코스메뉴 테이블 세팅

컴비네이션 메뉴(Combination menu)

정식메뉴와 일품메뉴를 혼합하여 만든 메뉴다. 가격과 분량조절을 통한 원가관리가 용이하고, 근래 들어 늘어나고 있는 추세이다.

그 밖에 제공시간에 따라 조식메뉴(breakfast), 브런치(brunch), 점심메뉴(lunch), 저녁메뉴(dinner), 서퍼(supper) 등으로 나뉠 수 있다.

조식(Breakfast)

일반적으로 오전에 제공되는 식사로 양조식, 한조식, 일조식, 조식뷔페 등이 있다.

미국식(American Breakfast)

계란요리와 주스, 토스트, 커피를 비롯해서 핫케이크, 햄, 베이컨, 소시지, 프라이드 포테이토, 콘플레이크, 우유 등이 제공된다.

대륙식(Continental Breakfast)

계란요리와 곡류(cereal)가 포함되지 않고 빵과 커피, 우유 정도로 간단히 하는 식사이다.

조식뷔페(Breakfast Buffet)

간단하고 저렴하며 웰빙식으로 제공되며, 대개 주스류, 우유, 시리얼류, 샐러드, 과일, 빵, 케이크류, 계란요리, 소시지, 베이컨, 햄, 포테이토 등으로 구성된다.

영국식(English Breakfast)

잉글리쉬 브렉퍼스트라 하는데 아메리칸 브렉퍼스트에 생선요리를 하나 더 추가한 것이다.

브런치(Brunch)

아침과 점심 사이에 제공되는 메뉴로 근래 외식업에서는 전업주부, 혹은 휴가기간 중 마케팅 수단으로 많이 이용된다.

- 점심(Lunch) : 오후 12시에서 3시 사이에서 제공되는 메뉴를 말한다.
- 저녁(dinner) : 일반적으로 저녁 6시부터 10시까지 제공되는 정식메뉴이다.
- 서퍼(supper) : 만찬의 개념이었으나 근래 들어 늦은 밤 모임(송별회 등)에서 햄, 샌드위치 등 간단하게 제공되는 메뉴이다.

특별 메뉴

- 일정기간 또는 기념일 등에 일시적으로 제공되는 메뉴이다.
- 축제메뉴 – 추수감사절 칠면조 요리 등
- 계절메뉴 – 봄나물 요리, 가을 전어요리 등
- 프로모션 메뉴 – 단발성 행사성격으로 제공되는 메뉴로서 음악회, BBQ 파티 등이 있으며, 재료의 재고회전, 고객의 흥미를 유발할 수 있는 메뉴를 선택한다.

➕ 메뉴 예시

조식메뉴	점심, 저녁 메뉴
Special Breakfast ₩ 30,000	Western Luncheon & Dinner
A Choice of Chilled Juice (Orange, Tomato or Pineapple) 오렌지주스, 토마토주스 or 파인애플주스	Smoked Salmon · Scallop w/Caviar & Herbs Green Salad & 2 Kinds Dressing 훈제연어 · 관자와 허브야채 샐러드 그리고 2가지 드레싱
Topshell Porridge 소라죽(전복죽)	Cream of Broccoli Soup 브로콜리 크림수프
Broiled Mignon & Two Eggs any Style with Ham, Bacon, Sausage 계란요리를 곁들인 안심 스테이크와 햄, 베이컨, 소시지	Grilled Beef Tenderloin Steak & Buttered King Prawn w/Chilled Sauce & Hot Vegetable 최상의 안심스테이크와 새콤달콤한 소스를 곁들인 왕새우 구이
Toast or Hot Roll with Butter and Jam 토스트 or 롤빵과 버터, 잼	Soft Green Tea Rolls Bread Stick w/Butter 부드러운 녹차 빵과 버터
Fruits in Season 계절과일	Pumpkin Squash Mousse Cake with Fruits 호박무스케이크와 계절과일
Coffee or Tea 커피 or 홍차	Coffee or Green Tea 커피 또는 녹차
상기 메뉴는 계절에 따라 변동될 수 있습니다. 10%의 봉사료와 10%의 세금이 가산되었습니다. 10% Service Charge & 10% TAX is Added.	상기 메뉴는 계절에 따라 변동될 수 있습니다. 10%의 봉사료와 10%의 세금이 가산되었습니다. 10% Service Charge & 10% TAX is Added.

연회행사 메뉴

Banqut Buffet
판매가격 ₩

COLD FOOD	Oven Baked Vegetable	야채오븐구이
	Smoked Salmon	훈제연어
	Stuffed Cuttle Fish	오징어순대
	Rolled Sea Eel	장어우엉말이
	Sliced Ham and Cheese	햄 치즈
	Smoked Duck Breast	훈제오리가슴살
HOT FOOD	Cream of Mushroom Soup	양송이크림수프
	Beef Stew	비프스튜
	Steamed Rice	흰밥
	Fried Chicken Wing	닭날개튀김
	Baked Lamb Short Rib	양갈비구이
	Broiled Beef Ribs LA style	쇠갈비구이
	Braised Ox-tail	우꼬리찜
	Sauteed Seafood and Vegetable	해물볶음
	Dim-Sum	딤섬
CARVING	Sauteed Beef	즉석 쇠고기볶음
JAPANESE FOOD	Stuffed raw fish with Rice	생선초밥
	Roll Laver with rice	김밥
	Assorted raw fish Plate	생선회(4종)
	Season noodle	소면 or 메밀국수 or 우동
KOREAN FOOD	Kim-chi	김치
	Slices of biles meat	편육 or 두릅
	Marinated jell fish with Mustard	해파리냉채
	Sauteed Mushroom	버섯볶음
	Seaweed Kim-chi	미역김치
	Seasoned Raw beef sesame oil	육회
	Seasoned CHAMNAMUL	참나물무침
	Roasted Deo-duk	더덕구이

상기 메뉴는 계절에 따라 변동될 수 있습니다.

10%의 봉사료와 10%의 세금이 가산되었습니다.

10% Service Charge & 10% TAX is Added.

프로모션 메뉴	한조정식 메뉴
B.B.Q Party	한조정식
Cold Food : Smoked Salmon with Caviar (훈제연어와 철갑상어알) Cheese and Salami(치즈와 살라미) Shrimp Salad(새우 샐러드) Grilled Vegetable(야채구이)	전복죽 (Abalone Porridge)
	훈제연어 (Smoked Salmon with Cavier)
Black Nutrition Rice(흑미영양밥) Fried Shrimp(새우튀김) Broiled Sausage 2 Kinds(2종의 소시지구이) Fried Skin Potatoes(감자튀김) Seafood Stew(해물탕) Watery Plain Kimchi and Noodle(온국수) Fried Pork Sweed and Sour(탕수육)	생선구이 (Broil Fish)
	계란찜 (Scramble Egg Sautee)
	김구이 (Roasted Laver)
Rice Vegetable(밥이랑 야채 새싹알밥) Chinese Cabbage Kimchi(배추김치) Pork Slices(편육) Marinated Jelly Fish(해파리냉채) Sauteed Seafood with Vegetable(해산물볶음) Stuffed Raw Fish with Rice(생선초밥)	나물무침 (Wild Green Salad)
	젓갈 (Salted Pollack)
5 Kinds Salad with dressing (5가지 샐러드와 드레싱) Vegetable Stick(야채스틱) Cake crumb(케이크 1종) Corn Cake(콘케이크) Pastries(패스추리 5종) 3 Kind Fruits in Season(계절과일) Green Tea Soft Roll(녹차롤 빵)	배추김치 (Cabbage Kimchi)
	된장찌개 (Bean Paste Soup)
	밥 (Rice)
Barbecued Pork with Vegetable(통돼지바비큐) Broiled Beef Ribeye Roll(쇠갈비심 구이) (상추, 고추, 마늘, 쌈장, 칠리소스, 허니머스터드) Young Walleye Pollack(노가리) Coffee or Green Tea(커피, 녹차) Rice Cake Stick(가래떡구이)	과일 2종 (Seasoned Fruits)
상기 메뉴는 계절에 따라 변동될 수 있습니다. 10%의 봉사료와 10%의 세금이 가산되었습니다. 10% Service Charge & 10% TAX is Added.	상기 메뉴는 계절에 따라 변동될 수 있습니다. 10%의 봉사료와 10%의 세금이 가산되었습니다. 10% Service Charge & 10% TAX is Added.

4) 메뉴계획(Menu planning)

메뉴계획은 고객의 욕구와 조직의 목표를 확인한 후에 수행하는 단계로서, 상품에 대한 이해와 영양, 디자인 등과 같은 전반적인 지식이 요구되며 원가, 이미지, 식재료상황, 조리기구와 기술 등의 다양한 관리기법이 요구된다.

메뉴계획에 있어 가장 이상적인 방법은 식음료관련 관리자(조리장, 식음료부장, 구매 및 원가관리책임자)들의 상호 유기적인 관리시스템이다.

(1) 메뉴계획 이론

* Mahmood A. Khan(1991)의 모형

메뉴계획에 있어 고객의 관점과 관리자의 관점에서 다룬 모형이다.

① 고객의 관점(customer consideration) : 영양적 요구, 음식에 대한 습관과 선호(문화적, 종교적, 건강 등), 음식의 특성(색, 맛, 조리방식, 모양, 온도 등)

② 관리의 관점(managerial consideration) : 조직의 목표와 예산, 공급시장 상황, 시설과 장비, 종사원 기술, 생산형태와 서비스 시스템

* Jack D. Ninemeier(1986)의 모형

메뉴 계획 시 우선적인 고려사항으로

① 고객 → 고객욕구, 인종과 종교적 요인, 인구통계학적 문제, 사회경제적 문제, 가치

② 아이템의 품질 → 시각적, 영양적, 맛, 온도, 질감 등

③ 원가

④ 가용성

⑤ 최대생산과 운영문제

⑥ 위생문제

⑦ 레이아웃 문제

⑧ 주방기기 문제의 8가지를 제시하였다.

* Lothar A. Kreck(1984)의 모형

식음료부문의 운영에 요구되는 자원을 투입(input)하여 산출(output)을 얻게 되는 과정의 중간에 메

뉴계획이 자리 잡게 된다고 하였다.

- 투입(input) : 가격수준, 종사원의 기능, 주방시설과 주방기구, 식재료, 장식
- 과정(process) : 메뉴계획
- 산출(output) : 합리적인 메뉴, 고객만족 / 목표달성

결론적으로, 메뉴계획은 전체적인 여러 가지 요인을 고려해야 한다고 주장하였다.

(2) 메뉴계획 시 고려사항

일반적으로 메뉴계획은 다음과 같은 절차에 의해 이루어진다.

목표시장연구(고객의 욕구 파악) → 경쟁상품 분석 → 수요예측 및 식재료 조사(품목 및 조달) → 메뉴설계 및 테스팅 → 판매전략 수립 → 출시 순으로 이루어지며, 메뉴를 작성할 때 우선적으로 고려해야 하는 것은 메뉴의 균형(balance)과 대중성(popularity)이다.

균형 있는 메뉴란 제공되는 상품의 영양, 질감, 중량 등에서 균형 즉, 조화를 이루어야 하는 것이다. 이것은 가능한 조리법이 중복되지 않고, 같은 종류의 식재료를 사용하지 않음으로써 영양성을 고려해야 하며, 소스를 다양하게 이용하고, 곁들임과 장식에 있어서 주재료와의 조화를 꾀하고 계절성과 고객의 연령대에도 세심한 주의를 기울여야 하며, 메뉴구성에 있어서도 가벼운 메뉴와 중량감 있는 메뉴의 적절한 배치는 훌륭한 메뉴 설계의 기본 조건이 된다.

아울러 훌륭한 메뉴는 누구나 호감을 가질 수 있는 대중적인 메뉴를 선택하는 것이 바람직하다. 특이하고, 특정집단의 입맛만을 고려한 메뉴는 운영적인 측면에서 고객의 다양성이 결여되고, 내점하는 고객 수에 있어 한계를 드러낼 가능성이 많기 때문에 메뉴선정 시 다양한 고객이 접근할 수 있는 메뉴를 선택하는 것이 유리하다. 또한 메뉴설계 시 음식의 맛과 시장의 적합성, 조리기술, 시설과 분위기, 조리시간, 재료구매의 용이성, 영양 등의 다양한 부분이 고려되어야 한다.

한번 설계된 메뉴는 상품의 수명주기 사이클을 파악하여 유지, 폐기 및 재활용, 신메뉴 개발시점 등의 관리 또한 세심한 주의를 기울여야 한다.

고객 측면의 만족과 경영자 측면의 원가절감이라는 생산적인 메뉴설계를 이루기 위해서는 다음과 같은 요건을 갖추어야 한다.

지역성

지역에 맞는 고객의 특성을 파악해야 한다. 성비와 연령층, 소득층에 맞는 차별화 전략이 필요하다.

트렌드 파악

운영시점에 맞는 트렌드 파악이 중요하다. 음악이나 패션과 마찬가지로 식음료 역시 시대상황에 맞게 변하는 속도가 빠르기 때문에 시대상황에 맞는 경쟁력 있는 메뉴 개발이 중요하다.

효율적 생산시스템 구축 / 직원의 기술

외식업은 인적서비스 사업으로 종사원이 갖는 비중이 매우 크다. 따라서 메뉴계획에 있어 제조방법의 용이성, 종업원의 업무파악 능력이 매우 중요하다.

식재료의 공급여건 고려

외식업 운영에서 청렴하고 능력 있는 공급업자를 만나는 것 자체가 행운일 수 있다. 훌륭한 메뉴에 적합한 식재료의 조달이 불안정하게 되면 고객의 신뢰를 얻을 수 없다. 따라서 능력 있는 납품업자 선택은 시스템적인 차원에서 접근해야 한다.

영업컨셉 / 인테리어

훌륭한 시설과 풍미 있는 상품에서 고객은 만족한다.

기업이윤

궁극적으로 상품은 기업이윤을 위한 관리 도구이다.

5) 메뉴 테스팅(Menu testing)

계획된 메뉴가 설계되면 판매를 위한 메뉴 테스팅을 실시한다.

(1) 메뉴 Testing process

메뉴의 Testing List는 담음새, 색상의 조화, 향, 혀끝 맛, 구강 내 맛, 목 넘김, 잔향, 경도, 질감 등을 통해 실험할 수 있다. 오전에는 미각기관이 중성적이고 휴식을 취한 후이므로 집중할 수 있기 때문에 음식의 테스팅은 가능한 오전에 실시하도록 한다.

먼저 시각적인 테스팅(Testing)의 경우는 메뉴에 대한 전체적인 스토리텔링을 파악하고 식재료의 조화(색의 조화), 윤기, 전체적인 담음새를 세심하게 살펴본다.

이후 후각(Aroma & Bouquet)적인 테스팅(Testing)으로 음식의 향미를 느껴보고 혀끝 맛, 구강 내

맛, 질감, 목 넘김, 잔미감, 경도 등의 미각적인 테스팅(Testing)을 실시하도록 한다. 이후 메뉴에 대한 전체적인 총평을 실시하도록 한다.

Menu Testing Note						
메뉴명			분량		人기준	
Image & Storytelling			Cooking Point			
			원가율			
			%			
	분류	매우나쁨	나쁨	보통	좋음	매우좋음
Checkpoint	Storytelling					
	창의성(Creativity)					
	완성도(담음새 & 윤기)					
	영양성(색상 & 식재료 조화)					
	음식의 온도					
	음식의 향					
	음식의 처음 맛					
	음식의 중간 맛					
	목 넘김					
	여운(잔미감)					
	질감(씹힘성)					
	경도					
	기술성(난이도)					
	대중성(활용성)					
	경쟁메뉴와의 차별성					
	전체적인 균형					
	취향					
	총평					

6) 메뉴평가(Menu evaluation)

메뉴의 설계, 작성, 테스팅 이후 훌륭한 메뉴가 작성되었는지 냉정한 평가가 필요하다. 평가항목으로 여러 가지 속성이 있을 수 있으나 마케팅적인 측면과 조리적인 측면에서 몇 가지 항목을 살펴보면 다음과 같다.

(1) 마케팅적인 측면에서의 메뉴 평가

분류	매우 나쁨	나쁨	보통	좋음	매우 좋음
영업직원 및 고객이 메뉴를 쉽게 이해할 수 있는가?					
메뉴의 활자배열 및 디자인은 차별성이 있는가?					
메뉴의 해설(Storytelling)은 적정한가?					
메뉴 구성과 영업장의 분위기, 시설적 측면은 조화로운가?					
주문에서 제공까지의 조리시간은 적정한가?					
식품재료 구입단가와 객단가 책정은 적정한가?					
표적시장과의 적합성은 고려되었는가?					
메뉴의 다양성은 고려되었는가?					
메뉴의 교체주기는 적정한가?					
VIP, 어린이메뉴 등 특별고객 메뉴의 유연성은 고려되었는가?					
총평 :					

① 영업직원 및 고객이 메뉴를 쉽게 이해할 수 있는가?
  • 메뉴북의 디자인 및 해설, 분위기
  • 메뉴의 활자배열 및 디자인의 독창성
② 메뉴와 영업장의 분위기, 시설적 측면과 잘 어울리는가?
  • 메뉴구성과 영업장 분위기의 조화
③ 주문에서 제공까지 시간은 어느 정도 소요되는가?
  • 조리사의 상품 조리능력
④ 객단가는 적정하게 책정되었는가?
  • 상품의 가격 및 경쟁력
  • 물품 구입단가와 객단가의 관계

⑤ 표적시장과의 적합성은 고려되었는가?

- 메뉴와 주 타깃 고객과의 상관관계

- 상품의 다양성, 종류, 메뉴 교체주기

- 고객의 선호메뉴

- 특별손님의 유연성(어린이메뉴 등)

(2) 조리적인 측면에서의 메뉴 평가

분류	매우 나쁨	나쁨	보통	좋음	매우 좋음
식재료는 메뉴상에서 중복되지 않았는가?					
소스(Sauce)는 메뉴상에서 중복되지 않았는가?					
주메뉴와 곁들임(Garnish) 메뉴는 조화로운가?					
메뉴는 영양학(건강메뉴)적으로 고려되었는가?					
메뉴는 위생적으로 조리되었는가?					
전체적인 메뉴의 경중(輕重)은 고려되었는가?					
메뉴의 맛 평가는 충분히 테스팅(Testing)하였는가?					
메뉴의 외관, 맛 등 균형미는 조화로운가?					
상품의 질, 양, 조리법, 조리기기의 다양성은 고려되었는가?					
식재료 조달(저장)은 무리 없이 잘 진행될 수 있는가?					
표준조리법은 작성되었는가?					
상품 조리 시 동선관리는 고려되었는가?					
메뉴의 조리시간은 적정한가?					

총평 :

① 식재료 또는 소스는 메뉴상에서 중복되지 않았는가?

- 상품과 곁들인 음식과의 조화

② 영양학적으로 고려되었는가?

- 상품의 영양학적 고려

- 건강메뉴, 위생, 청결

③ 메뉴의 경중(輕重)은 고려되었는가?

- 주메뉴와 보조메뉴와의 관계

④ 메뉴의 맛 평가는 충분히 테스팅하였는가?

- 상품의 전체적인 균형(외관, 맛)

- 상품의 질, 양, 조리법, 조리기기의 다양성, 주요리와 곁들임 상품의 조화

- 메뉴의 맛 평가 리스트는 외관, 냄새, 혀끝 맛, 구강내 맛, 목 넘김, 잔향, 경도 등을 들 수 있다.

⑤ 식재료 조달은 무리 없이 잘 진행될 수 있는가?

- 식재료의 유통체계

- 상품의 일관성, 식재료 조달 및 저장성

⑥ 주방시설 및 조리사의 기능에 적합한가?

- 작업장의 작업동선관리

- 상품의 신속성, 상품배열 등을 살펴볼 필요가 있다.

7) 메뉴 가격결정

메뉴계획과 테스팅, 평가 이후 메뉴의 가격결정을 해야 하며 메뉴의 가격이 결정되는 요인과 가격은 아래와 같이 결정된다.

(1) 메뉴 가격결정 요인

경쟁기업의 가격

경쟁기업의 메뉴구성과 정량 비율, 주메뉴 이외의 이차적 메뉴구성과 양 등을 종합적으로 고려하여야 한다.

공헌이익과 메뉴의 비중

설계된 메뉴의 인기도와 수익성을 분석하여 대표 메뉴로의 선정 또는 메뉴 포지셔닝에 따른 공헌이익의 파악

고객들의 공감

외식업이 고부가가치 사업이라고 하는 부분이다. 동일한 식재료를 사용하더라도 경쟁메뉴, 혹은 경쟁 레스토랑보다 고품질의 상품을 제공함으로써 고객들의 공감을 얻도록 해야 한다. 여기에는 숙

련된 조리사의 기술이 핵심이다. 기타 요인으로 식재료의 공급상황, 서비스의 형태, 위치 등이 가격 결정 요인에 포함될 수 있다.

따라서, 경쟁 레스토랑과 비슷한 가격을 설정하고자 할 때는 재료조달, 상품의 질이 비슷해야 하고 높은 가격을 설정하고자 할 때는 차별화된 상품과 서비스가 전제되어야 하며, 낮은 가격을 유지하고자 할 때는 경쟁 레스토랑 시장에 진입하거나 자사의 시장을 방어하기 위하여 가격을 결정해야 한다.

➕ 가격 결정방법

※ 수요를 중심으로 하는 경쟁업소 비교결정법

가장 일반적인 방법이다. 타사의 가격과 서비스를 모방하여 결정하는 방법으로 고객이 가격에만 의존하여 구매한다는 가정을 전제로 하기 때문에 과학적, 전술적 가격결정방법으로 보완이 필요하다.

- 모방을 한다는 것은 기존의 경쟁 레스토랑과의 제반 여건(재료비, 인건비, 경비)이 동일하거나 비슷할 때 가능하다.

※ 원가를 중심으로 하는 공헌이익 확보 방법

원가(재료비, 인건비)를 계산한 후 사전에 결정된 이익을 메뉴 원가에 추가하는 방법

例) 메뉴 원가가 5,000원이고 이익을 메뉴원가에 20%로 한다면 6,000원이 된다.

① 프라임 코스트(Prime Cost) 방법 : 프라임 코스트는 재료비와 인건비를 합한 것으로 외식업에서 직접비 관리 도구로 사용되며 일반적으로 60~65%를 넘기지 않도록 한다.

② 팩터를 이용한 방법 : 간단한 계산을 통해 얻을 수 있어 일반적으로 많이 사용한다. 가령 식재료 원가가 5,000원이고, 식재료 비율이 37%라고 가정하면

- 팩터를 먼저 구한다. 100% / 37% = 2.7(팩터)
- 상품의 가격을 구한다. 5,000×2.7 = 13,500원 → 상품의 가격을 조정 혹은 결정한다.

※ 고객심리를 중심으로 하는 가격 설정법

고객심리를 이용하는 가격 설정방법으로 유인가격(미끼상품), 홀수, 짝수 가격(1,000 → 990), 관습가격(상품의 가격이 아닌 중량, 품질조정을 통한 가격 책정) 등이 있다.

(자료참고 : 이은정, 이두찬, 이경란, "이해하기 쉽게 쓴 메뉴관리론", 양서원, 2012)

8) 메뉴분석을 통한 의사결정

지금까지 외식사업을 운영하면서 메뉴의 기능과 가격설정 등의 시장진입을 위한 전제조건들을 알아보았다. 이후 실행해야 하는 부분은 메뉴 설계 후 혹은 레스토랑 운영 중에 합리적으로 메뉴가 설계되었는지 알아보기 위한 메뉴분석이다.

메뉴분석의 의의는 디자인된 메뉴의 가격 및 내용의 의사결정 행위를 평가하여 효율성을 높이는 것이다. 여기에는 고객의 메뉴 선호도와 내부관리능력을 평가하여 매출과 순이익을 증가시키는 것을 목적으로 한다.

메뉴분석은 여러 학자들에 의하여 다양한 방법들이 논의되어 왔고 요약하면 다음과 같다.

➕ 메뉴분석 기법

1. 밀러법(Miller matrix) - 1980년 밀러에 의해 처음으로 개발. 식재료의 원가비율과 판매량의 관계를 분석한 기법
2. 메뉴 엔지니어링(menu engineering) - 1982년 Kasavana와 Smith에 의해 개발. 상품의 공헌이익, 판매량, 전체 판매량에서 개별상품이 차지하는 비중으로 선호도와 수익성을 분석하는 기법
3. 파베식 메뉴분석방식(cost/marginanalysis) - 1985년 Pavesic. 상품에 대한 원가, 선호도, 공헌이익을 종합적으로 분석

밀러법(Miller matrix)

식재료 원가 비율과 판매량의 관계 분석기법으로 원가율이 낮은 상품은 판매가도 낮아 수익성이 없고, 판매가를 높이면 고객감소로 인해 매출이 줄어든다(David Pavesic, 1983).

➕ 밀러의 원가와 매출

winners 낮은 원가에 높은 판매량의 메뉴	marginals(1) 높은 원가에 높은 판매량
marginals(2) 낮은 원가에 낮은 판매량	losers 높은 원가에 낮은 판매량

출처 : 이은정 외(2012), 메뉴관리론, 양서원, p.114 참조 재구성

메뉴 엔지니어링(menu engineering)

마케팅도구(marketing tool)로서의 메뉴분석 기법으로 인기도지수(popularity index)와 수익성지수 (profitability index)를 파악하여 수익의 극대화를 목표로 한다.

인기도지수란 고객의 주문 빈도가 높은 상품을 의미하며, 메뉴믹스(Menu Mix : MM)라고 표현한다. 수익성지수란 이윤을 남기는 상품을 말하는데 공헌이익(Contribution Margin : CM)으로 표현한다.

➊ 메뉴 엔지니어링에서의 선호도와 수익성

	인기도 고	인기도 저
수익성 고	Star	Puzzle
수익성 저	Plowhorse	Dog

출처 : 이은정 외(2012), 메뉴관리론, 양서원, p.116 참조 재구성

파베식 메뉴분석방식(CMA기법 cost/marginanalysis)

메뉴 상품에 대한 원가, 선호도, 공헌 이익을 종합적으로 분석하는 기법

➊ CMA기법에서의 메뉴분석

	공헌이익 고	공헌이익 저
원가율 고	Standards	Problems
원가율 저	Primes	Sleepers

출처 : 이은정 외(2012), 메뉴관리론, 양서원, p.116 참조 재구성

(1) 밀러법, 메뉴 엔지니어링, 파베식 메뉴분석방식(CMA기법 cost/marginanalysis)에서의 의사결정

Primes, Star, Winners

- 인기도지수와 수익성지수가 높은 가장 이상적인 조건이다.
- 지정된 재료(상품의 포션과 질)를 엄격하게 유지하고, 식재료 관리에서 수량이 부족하지 않게 관리한다.
- 메뉴품목을 메뉴판의 눈에 잘 띄는 곳에 배치한다.
- 가격인상을 고려한다.

Standards, Plowhorse, Marginals(1)

- 이윤은 적으나 인기 있는 품목으로서 기업의 이윤 측면에는 바람직한 현상이 아니다.
- 메뉴를 차별화하고, 공헌이익을 높이는 방법을 모색한다.
- 가격을 높여 수요에 대한 실험을 통해 저항감이 없다면, 새로운 포장 및 배열을 통해 가격 상승을 유도한다.
- 값싼 비용의 상품과 혼합한다.
- 갑작스러운 가격변동보다는 수요 관찰 후 가격전략을 수립한다.

Sleepers, Puzzle, Marginals(2)

- 이윤은 높고 선호도는 낮은 상품으로 기업입장에서는 전략적인 접근이 필요하다.
- Primes, Star, Winners와 마찬가지로 메뉴품목을 메뉴판의 가장 눈에 잘 띄는 곳에 배치한다.
- 새로운 식재료를 대체하여 고객의 수요를 유도한다.
- 원가를 재조정하여 고객의 수요를 유도한다.

Problems, Dogs, Losers – 이윤도 낮고 인기도 낮은 메뉴품목

- 고객의 수요가 없을 때 메뉴에서 제거되어야 할 상품군이지만 성급한 판단을 지양하고, 새로운 프로모션을 통해 방안을 강구한다.

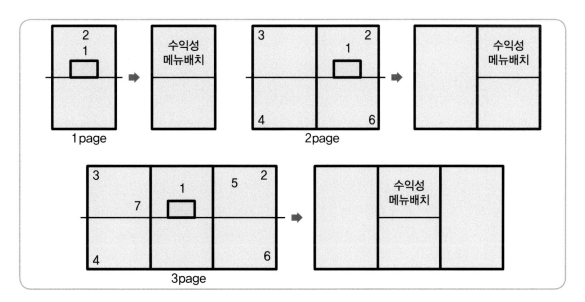

출처 : 이은정 외, 이해하기 쉽게 쓴 메뉴관리론, 양서원, p.57 참고 저자 재작성

메뉴판에서의 시선이동과 전략메뉴 포지션(position)

메뉴상에 최상의 위치에 두어야 할 메뉴는

① 고객을 유인할 수 있는 수익성이 높은 아이템

② 판매를 촉진해야 하는 재고가 많이 남아 있는 아이템이다.

7. 주방 구매관리(Purchasing control)

1) 식재료 구매관리의 개념 및 목적

메뉴(상품)는 외식사업의 식음료 운영계획의 출발점이라 볼 수 있다. 따라서 메뉴와 직접적인 연관성을 가지고 있는 구매관리는 식음료 운영 면에서 핵심적인 관리체계로 등장하게 된다. 또한 생산적인 구매관리 활동을 통하여 감소된 비용을 이윤으로 볼 때 구매가 가져다 줄 수 있는 잠재적 이윤의 가능성은 매우 크다. 그러므로 효율적인 식재료의 구매관리 활동은 주방의 원가관리 시스템의 중요한 부분이며 효율적으로 정비된 구매관리는 부가적인 투자 없이도 이윤을 창출시킬 수 있는 핵심 분야이다.

구매관리란 구매업무 과정과 연관된 검수, 저장, 출고 관리를 포함한다. 일단 결정된 메뉴상의 품목은 어떤 식재료를 구매할 것인가와 이러한 품목들을 어떻게 검수해야 할지를 결정하게 된다. 즉, 설정된 메뉴에 대하여 적합한 식재료가 구매되어야 하는 것이다.

식재료 구매관리의 목적은 최적품목·최적품질·적정수량·최적가격·필요시기·적정장소를 토대로 식재료를 구매하여 구입자의 생산활동에 투입(In-put)하고 제품으로 산출(Out-put)될 때까지, 상품의 질을 유지 및 향상시키고, 생산 판매활동을 원활하게 하며, 식품사고의 방지와 원가절감을 통한 기업이윤의 목적 달성에 목표를 두고 있다. 따라서 효율적인 식재료 구매관리는 구매된 식재료를 최상의 상태로 관리하여 조리 담당자가 필요로 하는 시간에 공급되게 하는 관리체계를 갖추어야 한다.

정리하면 구매관리란 생산활동에 필요한 품질의 원재료를 최소의 비용으로 획득하기 위한 관리활동으로, 합리적이고 원활한 생산을 위하여 적절한 품질의 자재구매, 적정량의 구매, 적정한 시기의 구매, 적정한 가격의 구매, 적절한 공급처의 선정을 목표로 삼고 있으며 구매관리의 핵심은 가격(Price), 품질(Quality), 수량(Quantity)이라고 할 수 있다.

● 식재료 구매의 목적과 방법

식재료 구매의 목적

식품 구매원가 조절을 통한 기업 수익의 극대화에 있으며, 효율적인 구매관리를 통하여 원가를 절감하고, 현금의 유통을 원활히 하여 기업의 경제적 목표를 달성하는 것이라 말할 수 있으며, 이러한 구매관리의 목적달성을 위한 방법론적 활동을 정리하면 다음과 같다.

1. Right Product – 구매명세서, 제조업체, 제품사양, 산출지

2. Right Quality – 용도에 따라 필요한 상품을 가격에 비해 좋은 품질의 것으로 구입한다.

3. Right Price – 사용자가 원하는 질의 상품을 가장 좋은 가격으로 구매하는 것

4. Right Time – 적기구매는 재고관리, 자금유통, 부패로 인한 낭비방지의 효과가 있다.

5. Right Supplier – 규모, 성실성, 경쟁력 등 자사에 맞는 공급업체를 직접 확인한 후 선정

(1) 식재료 관리의 특성

식재료의 일반적 특성은 다른 제조업과 달리 재료 보관상의 수명이 짧으며, 계절적인 영향, 유통 및 취급상의 어려움, 가격변동 및 공급량의 변동 폭이 크며 복잡한 유통구조를 가진 것을 들 수 있다. 특히 식자재의 구매에 있어서 계절의 변화, 물가 변동 등의 경제적 요인이 직접 작용하게 되므로 구매담당자는 복잡한 유통구조에 관한 사전지식, 식품의 감별법, 식자재의 구매 시 선택 고려사항 등을 중요시해야 되며, 식품이 가지고 있는 특성과 영양성분, 보존기간 및 변질에 관한 전반적인 지식을 습득해야 한다. 올바른 구매는 예측을 필요로 하며 모든 식자재에 대한 명세서 작성, 필요한 양의 정확한 결정, 최적의 구매방법 등이 필요하므로 외식기업이 설정한 매뉴얼에 따라 전문지식을 갖춘 전문가가 일괄적으로 구매하거나 분담하여야 효율성을 높일 수 있다. 따라서 식재료관리는 식음료 상품의 품질 유지 및 향상과 원가관리 식품사고의 예방이라 말할 수 있다.

2) 식재료 구매관리(Purchasing control)

(1) 구매관리의 기본조건

재화나 용역을 거래하는 데 있어서 협상의 전제 조건은 사전 정보의 획득이다.

사전에 취득한 정보를 과학적으로 연구 분석하여 협상에 임한다면 거래에 있어 목적을 달성할 확

률이 높아지는 것이 사실이다.

구매활동 역시 이러한 범주에 속하며, 구매활동을 위한 기본조건을 열거하면 다음과 같다.

➕ 구매활동의 기본조건

- 경영 관리상 필요한 적합한 물품의 선정 – 상품의 철저한 분석 및 검토
- 생산계획에 따른 구매량의 결정 – Par stock
- 정보자료 및 시장조사를 통한 공급자의 선정 – 좋은 상품 구입
- 식재료의 특성, 종류, 등급 등의 사전조사 – 세밀한 시장조사 시행
- 적합한 시기에 필요량이 공급되도록 관리 – 적기 구입
- 구매관리 활동에 따른 검수 · 저장(입출고 · 재고) · 원가관리 등 통제관리 시스템 확보

➕ 효율적인 구매관리의 기대효과

- 물품공급의 전문성 및 관리체계 구축
- 원가절감(Cost Down)
- 고부가가치의 제품생산 및 품질 관리향상
- 고객만족을 통한 매출증대
- 효율적인 경영관리

(2) 구매 사이클(Purchase cycle)

호텔, 외식사업에 있어 구매과정은 다양하게 운영될 수 있으나 보편적인 구매 사이클을 살펴보면 다음과 같다.

① 생산부서는 재료 필요 시 구매 청구서를 작성한다.

② 창고부서는 필요한 부서에 필요한 품목을 출고한다.

③ 원자재가 미리 정해진 재구매 시점에 도달하면, 창고부서는 구매부서에 구매 청구서를 제출한다.

④ 구매부서는 구매발주서 혹은 구매보고서를 이용하여 납품업자에게 품목을 주문하고, 구매직원

은 구매발주서 혹은 구매 보고서를 검수부서와 경리부서에 복사본을 제출한다.

⑤ 납품업자는 납품 송장(Invoice)과 함께 검수부서에 품목을 입고한다.

⑥ 검수부서는 송장과 함께 창고부서에 품목을 전달하고, 기타 서류 일체는 경리부서에 전달한다.

⑦ 필요한 서류 절차 과정을 거친 다음, 경리부서는 납품업자에게 금액을 지불한다.

구매 사이클은 매번 품목이 주문될 때마다 반복된다.

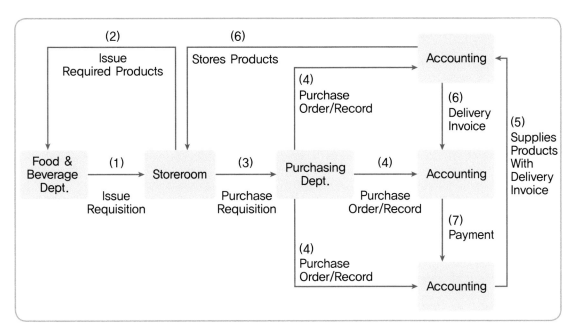

출처 : William B. Virts, Purchasing, AHMA, 1987, p.68

구매 흐름(Purchase cycle)

3) 식재료 발주관리

일반적으로 발주량이 증가하면 주문비용은 감소하고, 저장비용은 증가하며, 발주량이 감소하면, 주문비용은 증가하지만, 저장비용은 줄어들게 된다.

다음은 주문량 결정 시 고려해야 할 요인이다.

① 가격의 변화 - 시장변동 상황, 외국 식재료 수입상황 등

② 할인율 - 규모에 따른 할인율

③ 재료의 특성 – 저장기간에 따른 재료의 특성

④ 계절적 요인

⑤ 자금 – 기업의 운영자본 능력

⑥ 저장 공간 및 시설 여건 – 시설과 설비 고려

적정발주량을 결정하기 위해서는 발주량의 경제적 측면을 고려해야 한다.

이것은 재고유지비용과 주문비용을 바탕으로 적정한 발주량의 시점에서 발주를 결정하게 된다. 이를 경제적 발주량 혹은 경제적 주문량이라고 한다. 이것은 저장비용과 주문비용이 최소가 되는 발주량을 의미하는데 비용의 합계가 최소가 되는 발주량이 가장 경제적이라는 논리이다.

➕ 경제적 발주량 계산식

$$\text{경제적 발주량(EOQ)} = \sqrt{\frac{2FS}{CP}}$$

C : 재고 유지 · 관리비(보험, 이자, 저장 총재고금액의 백분율)
P : 단위당 구매단가(구매가격)
F : 발주비용(1회 주문에 소요되는 고정비용)
S : 연간 소요량 혹은 연간 매출액(판매량)

(자료참고 : 홍기운 외, "최신 식품 구매론", 대왕사, 2006)

➕ 경제적 발주량 계산의 실제

例題 1) 식품업체에서 A품목의 사용량이 연간 1,500kg이고 이것을 유지 · 관리하는 데 소요되는 비용이 재고가치의 12%이며, 단위당 구매가격은 13원이다. 이때 발주에 소요되는 고정비가 5원이라고 하면, 1회 발주에 필요한 경제적 발주량을 계산하면?

$$\text{EOQ} = \sqrt{\frac{2 \times 5 \times 1{,}500}{0.12 \times 13}} = \sqrt{\frac{15{,}000}{1.56}} = \sqrt{9{,}615.3} = 98\,(\text{kg})$$

즉 1회 경제적 발주량은 98(kg)이 된다.

例題 2) 1년간 발주횟수를 계산하면?
1,500(kg)÷98(kg) = 15(회) 즉 1년간 발주횟수는 15(회)가 된다.

例題 3) 1년간 발주횟수를 날짜로 계산하면?
365(일) ÷ 15(회) =24(일) 즉 1년간 발주횟수는 24(일) 간격이 된다.

또한 발주방법에 있어서는 일정기간에 의한 정기발주방식과 일정량에 의한 정량발주방식이 있는데 요약하면 다음과 같다.

➕ 발주방법

정기발주방식(Fixed-order period system)

일정시점에 정기적으로 발주하는 방식으로 물품가격이 고가이거나, 조달기간이 오래 걸리는 제품, 소비량이 일정하여 수요예측이 가능한 품목에 적합하다. 발주시기가 정기적이고, 발주량은 최대재고량에서 현재 재고량을 뺀 것으로 일정하지 않으며 정기적 실사방법에 의한 재고조사를 토대로 운영된다.

정량발주방식(Order point system)

발주시기가 일정재고 수준에 이르면 일정량(경제적 발주량(EOQ)을 발주하는 시스템으로 저가품목이거나, 항상 수요가 있어 일정한 재고를 보유해야 하는 품목, 수요예측이 어려운 제품을 구매할 때 사용한다.
발주량은 정량을 발주하고 지속적인 재고 실사 방법으로 운영된다.

➕ 식재료 구매수량 결정요인

① 메뉴 아이템의 인기도 : 메뉴 품목의 판매가 증가함에 따라 메뉴에 들어가는 재료의 수량이 추가적으로 필요하게 된다.
② 제품 원가 관련사항 : 고가의 제품 원가는 결국 판매 가격 상승으로 이어지며, 이는 고객 매출 감소로 귀결된다.(대체상품의 개발)
③ 가용면적 : 실온, 냉장, 냉동 장소의 창고면적 확보가 필요하다.
④ 안전재고수준 : 배달지연, 품목지연, 기타 뜻하지 않은 현상을 고려하면서 실제적으로 필요하도록 수량을 구매해야 한다.
⑤ 표준 포장 규격

이러한 경제적 주문 및 발주 방법은 결국 원가 관리의 통제 도구로 사용되는데 기본적으로 과대주문이 되는 경우, 지나친 자금이 재고자산으로 묶이게 되어 현금흐름 문제가 발생하게 되고, 창고비용이 증가하게 된다. [지급이자, 보험료, 임대 창고료(원가상승)] 또한 품질 저하와 제품의 손상이 발생할 수 있으며, 도난의 기회가 증가한다.

과소주문의 경우, 재고 바닥으로 인한 판매기회의 상실 및 고객의 신뢰도가 하락할 수 있고, 비상, 긴급 주문으로 인한 구매의 과다 비용발생과 시간이 소모될 수 있으며, 대량 구매로 인한 할인혜택의 기회를 놓칠 수 있다.

4) 공급업자 선정

운영관리 측면에서 공급업자와의 오랫동안의 상호 신뢰관계는 미래 교섭관계에 도움을 줄 수 있다. 따라서 공급업자의 선정은 매우 중요한 문제로 관리되어야 하며, 다음 사항에 유의하여 선정한다.

업체의 방문, 시설점검을 통해 업체 실태를 정확하게 파악하고 평가한다.

업체를 정확하게 조사하기 위해서 자사에 맞는 체크리스트 및 점검표 등을 작성하고, 객관적으로 적용한다.

① 위치의 인접성– 물류장의 위치(즉시 배달)

② 납품업자 운영상태 – 규모 및 가공시설 위생, 자본, 부채비율, 직원 수, 지명도

③ 납품업체 직원의 능력 – 적절한 품질

④ 가치 – 합리적인 가격

⑤ 호환적인 태도 – 서비스 마인드, 전문지식, 자사방침 수용도

⑥ 정직과 공정성

협력업체 방문 후 체크포인트로는 다음과 같은 것이 있을 수 있다.

① 작업장 관리 측면 : 건물구조, 출입구 관리, 환기시설, 조명 및 전기시설, 냉장/냉동 온도 및 습도관리, 배수시설, 저장관리

② 위생관리 측면 : 시설/종업원 위생, 청소 및 소독상태, 교육훈련 등

③ 물품관리 측면 : 품질 검사상태, 미검사/불합격품 회수체계 등

또한, 상호신뢰의 원칙에서 공급업자와 협력관계를 유지하기 위해서는 객관적인 협력업체 평가시

스템이 갖추어져야 하며 다음과 같은 요건을 체크한다.

① 상품의 정확성 – 규격, 브랜드, 원산지, 생산자가 정확한 상품을 공급하는가?

② 공급의 정확성 – 각 품목별 공급 요청된 정확한 수량/장소/시간/가격에 공급하는가?

③ 배송되는 제품은 적합한 품질을 가지고 있는가?

> **Tip** 例 : 식품 유통에 적합한 한글표시 사항 준수 여부
> 유통기한 경과하지 않은 제품 공급여부
> 작업 → 보관 → 배송 시 제품별 취급 온도 규정의 정확한 준수여부

④ 정보제공 및 고객서비스 – 신상품, 시장상황, 유통업체 및 제조업체 동향 등 다양한 정보를 제공하고 영업장을 방문하여 Needs를 파악하고 보완, 개선하려는 의지가 있는가?

5) 식재료 검수 관리(Receiving control)

검수란 구매 청구서에 의해 주문된 식재료의 품질, 수량, 크기, 가격을 확인하고 일치하지 않는 식재료를 반품시키며, 검수가 끝난 식자재를 주방으로 운반(direct item)하거나 창고(store item)에 이동하는 것을 말한다. 효과적인 검수는 검수 직원의 물품에 대한 지식을 필요로 하고, 올바른 검수를 위해 교육을 받아야 한다. 또한 검수 절차를 이해해야 하고, 내부 검수 보고서를 다룰 줄 알아야 한다.

검수 · 입고 업무 프로세스와 검수 업무를 수행하는 데 요구되는 일반적인 사항은 다음과 같다.

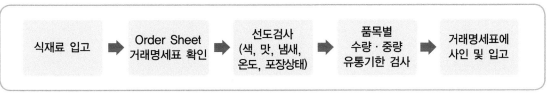

검수 · 입고 업무 프로세스

위 검수업무 도중 제품의 이상이 있는 경우 반품조치 및 재배송을 요구한다.

검수업무를 수행하는 데 요구되는 일반적인 사항

① 건강하고 단정한 직원/위생 : 고객과 종사원의 건강을 지키기 위해, 엄격한 위생 표준은 식음료 취급 모든 측면에 관련된다.

② 서류, 도구, 장비 사용의 숙련 : 검수직원은 장비, 시설, 그리고 통제 지점에서 요구되는 서류를

다룰 줄 알아야 한다.

③ 제품 지식 / 식재료 구별/ 품질 판정 : 검수원이 송장에 서명하자마자 물품은 법적으로 납품된 것이고, 이는 더 이상 납품업자의 책임이 아니기 때문에 식재료 관련지식을 숙지하여야 한다.

④ 개인적인 성실도, 세밀함, 정확함을 겸비하여야 한다.

⑤ 조직의 이해관계를 보호할 마음가짐 : 검수직원은 영업의 이해관계를 보호하는 데 전념해야 한다.

⑥ 영업부서의 요구사항과 납품업자의 배달 사이에서 조정할 수 있는 능력 : 검수직원은 기업의 다른 부서와도 협력할 필요가 있으며, 생산부서와 납품업체 간의 의사전달 역할 또한 매우 중요하다.

아울러 운영 사이클 중 한가한 시간에 검수가 이루어져야 한다. 한가한 시간대의 배달 시간표에 의해 검수직원은 전념하여 검수 의무를 다할 수 있다. 그 다음에 검수원은 배달이 예상되는 시간들 사이를 활용할 수 있게 된다.

(1) 검수 시 유의사항 및 검수방법(security concerns in receiving)

식재료 검수 시에는 다음 사항을 고려하여 검수하여야 한다.

① 식재료의 수량, 무게, 포장상태, 변질 유무

② 유형별 보관 및 관리 방법, 유의사항을 파악

③ 식재료 선도와 규격, 유통기한 및 식재료별 표시기준, 원산지, 무허가제품

④ 발주한 품목, 수량과 입고된 품목, 수량의 일치 여부

⑤ 유통기한 경과 제품은 사용 금지

⑥ 유통기한 생략 가능 제품 : 설탕, 아이스크림, 껌류, 가공소금, 주류(탁주 제외), 국산 농·수산물 등

검수 방법

① 식재료는 신속히 검수를 실시하여, 식재료의 상품성 저하와 변질을 예방한다.

② 입고 식재료는 육류, 어류, 채소류, 공산품으로 구분하여 보관하며 바닥에 방치하지 않는다.

③ 검수 부적합품은 즉시 반품하며, 사용 전 부적합품 발견 시에는 반품 표시 라벨을 부착하고 반

품 구역을 지정 보관한다.

④ 품목별 세부적 검수방법은 검수관리지침에 따른다.

식재료 유형별 검수방법

① 냉장 냉동제품

　　가. 이취 여부, 탄력, 색, 라벨 및 표시사항 확인

　　나. 유통기한 확인, 온도 확인(딱딱한 냉동상태 확인)

　　다. 얼음저장 상태, 재냉동 여부

② 채소 과일류

　　가. 이취 여부, 단단함, 색상, 신선도 여부를 확인한다.

　　나. 종이 박스는 제거하고 전용 용기에 담는다.

　　다. 입고일을 구분하여 식재료 관리라벨을 부착 선입선출이 이루어지도록 실시한다.

③ 공산품류

　　가. 포장 파손여부 확인, 특히 통조림제품은 용기의 팽창, 찌그러짐, 녹 발생을 확인한다.

　　나. 개봉 후 이취 여부, 색깔 및 고유 성상을 확인한다.

　　다. 표시사항과 유통기한을 확인한다.

　　라. 개봉된 제품은 전용 용기에 담아 보관한다.

④ 난류

　　가. 파손여부를 확인한다.

　　나. 깨뜨려서 내부온도를 측정하였을 때 10℃ 미만이어야 한다.

　　다. 이취 여부, 색상, 점성 등을 확인한다.

6) 주방 재고자산 관리(Inventory control)

일반적으로 판매되지 않고 남은 재고는 기업의 자산으로 분류하는데 이를 재고자산(inventory)이라고 한다. 외식업체는 식음료 판매를 위해 상품을 구매하지만 상품은 판매되거나 판매되지 않기도 한다. 따라서 재고자산이란 판매를 목적으로 보유하거나 생산을 위해 소비될 자산을 말한다. 외식업체는 재고자산의 규모가 크고 또한 신선도를 유지시켜야 할 필요가 있는 품목이 많은 특징으로 인해 재고자산관리의 문제는 매우 중요하다.

(1) 재고조사를 통한 재고금액 평가

제품의 원가계산(재고금액)과 원가관리(매출원가)를 위해 창고와 영업장을 대상으로 한 재고조사는 반드시 필요하다.

재고조사는 원가관리부서에서 창고(storeroom)와 영업장(outlet)을 대상으로 실시하는데 재고조사의 일반적인 목적은 재고금액(inventory)과 매출원가를 확정하기 위함이다.

재고금액과 매출원가는 다음과 같이 구할 수 있다.

$$재고금액(inventory) = 수량(quantity) \times 단가(unit\ cost)$$

$$매출원가 = 期初재고금액 + 當期구매금액 - 期末재고금액$$

(2) 재고수량결정방법(在庫數量決定方法)

재고자산의 수량을 결정하는 방법에는 실제재고조사법(physical inventory system)과 계속기록법(perpetual inventory method)의 두 가지 방법이 있다.

① 실제재고조사법(physical inventory system) : 실제재고조사법은 대부분 월말에 재고수량을 원가관리 담당자가 직접 창고를 확인하면서 조사하는 방법이다. 즉 원가관리 담당자는 창고(storeroom)와 영업장(outlet)을 직접 방문하여 품목을 확인하고 수량을 확인한다.

－이를 통해 장부상의 숫자와 일치하는지 여부를 확인할 수 있다. 일반적으로 외식업에서는 실제 재고조사를 월별/분기별/연간 정기적으로 시행한다.

② 계속기록법(perpetual inventory method) : 계속기록법은 장부재고법이라고도 하는데, 이 방법은 재고수량의 입고와 출고에 대한 내용을 서류에 지속적으로 기록하는 방법이다. 만일 문제가 없다면 장부상의 숫자와 실제 재고수량은 일치하게 된다.

(3) 재고단가결정방법(在庫單價決定方法)

재고금액을 알기 위해서 재고수량을 확정한 다음 고려사항은 단가(unit cost)를 결정하는 일이다.

재고자산의 단가를 결정하는 방법에는 여러 가지가 있으나 주로 선입선출법(first in first out)과 이동평균법(moving average method)의 두 가지 방법이 활용되고 있다.

① 선입선출법 : 선입선출법은 먼저 입고된 품목이 먼저 출고된다는 가정하에 이루어진다. 즉 먼저 입고된 것이 먼저 출고되고 재고는 나중에 입고된 것이 남는다는 가정이다. 선입선출법의 장점은 계산이 간편하고 분명하며 나중에 남아 있는 재고는 최근의 원가를 가장 잘 반영하는 장점이 있다. 그러나 같은 일자에 출고되는 아이템이라도 단가가 다르게 적용될 수 있는 단점을 동시에 지니고 있다.

② 이동평균법 : 이동평균법은 재고의 매 입고 시마다 기존의 재고금액에 신규 재고금액을 더해 이를 수량으로 나눈 값(평균단가)을 그 품목의 원가로 확정하는 방법이다.

(4) 창고를 효율적으로 통제하기 위한 방법으로 재고회전율 분석(analysis of inventory turnover) 과 재고자산 보유일수(number of days of inventory on hand) 분석을 통해 적정재고율(par stock)을 유지할 수 있다.

① 재고회전율(inventory turnover)이란 재고자산이 일정기간 동안 현금으로 전환된 횟수를 측정하는 것으로 재고자산이 현금화되는 데 걸리는 속도를 나타낸다. 일반적으로 이 비율이 높을수록 상품의 재고손실방지 및 보관비용의 절약 등 재고자산의 관리가 효율적으로 이루어지고 있음을 나타낸다.

② 재고자산 보유일수는 현재 기업이 가지고 있는 재고자산이 얼마 동안 사용할 수 있는지를 나타내주는 지표이다. 이러한 지표들은 단순히 재고자산의 금액을 결정하는 차원에서 벗어나, 종합적으로 재고관리를 유지하는 데 기여하게 된다.

재고회전율과 재고자산 보유일수는 다음의 식으로 구할 수 있다.

$$재고회전율 = \frac{총매출원가}{평균재고액}$$

$$재고자산 \ 보유일수 = \frac{月 \ 일자}{재고회전율}$$

$$평균재고자산 = (기초재고자산 + 기말재고자산) / 2$$

재고조사의 목적은 원가계산의 자료이용, 재무보고서에 필요한 정보 제공, 표준원가 실제원가의 비교 자료, 적정재고 유지, sleeping item에 관한 대처방안 관리에 있다.

(5) 재고관리기법

① 80/20 관리기법 : 80/20 관리기법(80/20 inventory control method)은 재고관리와 원가관리의 측면에서 접근하는 이론으로 구매물품 20%가 전체 구매액의 80% 정도를 차지하고 있으며, 이 20%가 매출원가의 80% 정도를 차지하고 있다는 기법이다. 때문에 20%를 차지하고 있는 구매물품은 나머지 80%를 차지하고 있는 구매물품에 비해 구매활동의 전체과정에 있어서 집중적으로 관리하는 내용을 의미한다.

② ABC 관리기법 : ABC 관리기법(ABC inventory control method)은 1951년 H. Ford Dickie에 의해 개발된 것으로 구매물품의 품목가치, 소요량(또는 사용액) 및 재고투자금액에 따라 A, B, C 등급으로 구분하여 물품의 재고관리방식을 달리 적용함으로써, 보다 효율적으로 물품을 관리하고자 하는 것이다. 이와 같이 재고물품을 그룹별로 분류화하는 목적은 물품의 중요도에 따라 적절한 통제를 하기 위함이다.

Class A : 부패성과 음식당 원가가 높은 품목들로 구성되며, 우선순위가 높다.

Class B : 상대적으로 부패성은 낮지만 음식당 원가는 높은 품목들로 구성된다.

Class C : 상대적으로 원가는 낮으며, 저장기간이 긴 통조림이나 캔류의 품목이다.

ABC분류표의 A,B품목처럼 엄격한 통제를 필요로 하는 품목을 우선시한다는 점에서 80/20 관리기법 중 20%에 해당하는 품목관리와 비슷한 개념을 가지고 있다. 결국 다양하고 방대한 품목 중 원가에 핵심적으로 영향을 미치는 품목을 선정하여 집중 관리하는 체계로 인식하면 된다.

8. 주방 원가관리(Cost control)

1) 원가관리의 개요 및 목적

원가(cost)란 특정제품을 생산하기 위하여 소비된 자원의 경제적 가치를 화폐액으로 측정한 값을 의미한다. 외식업에서의 원가관리란 경영의 통제수단으로, 생산 과정에서 원가의 발생이 계획 또는 표준으로부터 벗어나지 않도록, 소비가치를 합리적으로 운영 통제하여 이윤을 발생시키는 관리수단이라 말할 수 있다.

이와 맥을 같이 하여 근래 들어 원가의 기능은 경영계획과 통제 등의 기업내부 의사결정에 널리 이용되고 있는데 원가계산의 목적으로는,

① 가격결정의 목적 – 제품의 판매가 결정

② 원가관리의 목적 – 원가관리의 기초 자료 제공

③ 예산편성의 목적 – 예산 편성의 기초자료 제공

④ 재무제표 작성의 목적 – 경영 활동 결과를 재무제표로 작성하여, 기업의 내·외부 이해관계자에게 보고하는 기초자료로 활용된다. 대차대조표와 손익분석표가 이에 해당되며, 대차대조표는 기업의 재무상태를 나타내는 지표로 사용되며, 손익분석표는 기업의 경영성과를 나타낸다.

⑤ 경영비교의 기초자료를 제공한다. 기업경영의 의사결정은 내부관계자와 외부관계자의 이해관계에 의해서 의사결정이 이루어지는 경우가 많다. 원가관리에 의거한 회계 관리는 이러한 의사결정 부분에서 중요한 의미를 가진다. 외식기업에서의 손익계산의 기본 형식은 총수입과 총지출의 차익을 이익으로 계산한다.

다음은 외식기업에서의 일반적 손익계산 형태이다.

✚ 손익계산서 포맷(P&L statement)

매출(Food & Beverage) – 매출원가(Food & Beverage cost) = 총이익(Gross profit)

총이익(Gross profit) – 인건비 + 직접운영비 = 부서별 영업이익

부서별 영업이익(Departmental net income) – (간접비 + 고정비) = 순이익(Net profit)

간접비(In direct cost) : 일반관리비, 보수비

고정비(Fixed cost) : 보험비, 임대료, 재산세, 감가상각비

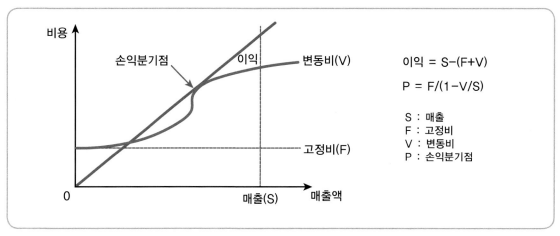

손익분기점 그래프

2) 원가의 종류 및 원가계산의 원칙

(1) 원가의 3요소와 원가의 종류

일반적으로 원가는 다음의 3요소로 이루어진다.

1. 재료비 – 제품의 제조를 위하여 사용되는 물품의 비용

2. 노무비 – 제품의 제조를 위하여 사용되는 노동의 비용

3. 경비 – 제품의 제조에 소비되는 재료비, 노무비를 제외한 가치로서 수도, 광열비, 전력비, 보험비 등이 이에 속한다.

원가의 종류

직접원가는 특정 제품에 직접 부담시킬 수 있는 원가로 직접재료비, 직접노무비, 직접경비가 있으며, 제조원가는 직접원가에 제조간접비로 이루어지며, 총원가는 제품이 제조되어 판매될 때까지 생긴 모든 원가 요소를 포함하는데 제품의 제조원가에 판매관리비가 포함되어 있는 것이다.

판매원가는 총원가에 이익을 합한 원가이다. 요약하면,

직접원가 + 제조간접비 = 제조원가 + 판매관리비 = 총원가 + 이익 = 판매원가

의 등식이 성립된다. 이외에 제품이 제조된 후 실제로 소비된 원가를 산출한 실제원가, 제품제조

이전에 산출되는 사전원가(예정, 표준원가)가 있다.

			이 익
		판 매 관 리 비	
	제 조 간 접 비		
직 접 재 료 비 직 접 노 무 비 직 접 경 비	직 접 원 가	제 조 원 가	총 원 가
직 접 원 가	제 조 원 가	총 원 가	판 매 원 가

출처 : "조리", 구본순/이순옥, 한국산업인력관리공단, p.141

원가의 종류

(2) 원가계산의 원칙

원가계산은 다음과 같은 원칙으로 구성되어야 한다.

• 진실성의 원칙 : 제품에 소요된 원가를 정확하게 계산하고 진실되게 표현해야 한다.

• 발생기준의 원칙 : 모든 비용과 수익의 계산은 그 발생 시점을 기준해야 한다는 원칙

• 계산 경제성(중요성)의 원칙 : 원가계산에 경제성을 고려해야 한다는 원칙

• 확실성의 원칙 : 실행가능 방법 중 확실성이 높은 방법 선택

• 정상성의 원칙 : 정상적으로 발생한 원가만을 계산

• 비교성의 원칙 : 원가계산이 다른 일정기간의 것과 다른 부문의 것을 비교할 수 있도록 실행되어야 한다는 원칙

• 상호관리의 원칙 : 원가계산과 일반 회계 간, 요소별, 부문별, 제품별, 계산 간에 서로 밀접하게 관련되어 유기적 관계를 구성함으로써 상호관리가 가능해야 한다는 원칙

(3) 원가계산의 구조

원가계산은 일반적으로 3단계를 거쳐 완성된다.

요소별 원가계산

상품의 원가는 재료비, 노무비, 경비 3요소로 분류되는데 이 세 가지는 모두 직접비와 간접비로 분류된다.

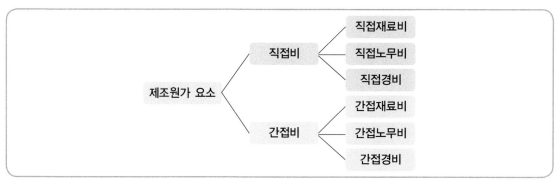

제조원가 요소

부문별 원가계산

요소별 원가계산을 부문별로 분류 집계하여 계산한다.

제품별 원가계산

부문별로 계산한 원가를 제품별로 분리하여 최종적으로 각 제품의 제조원가를 계산한다.

① 메뉴원가 = 재료비+노무비+경비

ㄱ 재료비 = 소용량×소요재료량의 단위당 재료비 = 소요재료량 × $\dfrac{구입재료비}{구입재료량}$

ㄴ 노무비 = 소요시간×시간당 임금 = 소용시간 × $\dfrac{1일\ 임금}{8시간}$ = 소용시간 × $\dfrac{1개월\ 임금}{240시간}$

ㄷ 경비

수도비 = 소용량×소용단위당 요금

전기료 = 소용량×소용단위당 요금

가스료 = 소용량×소용단위당 요금

- 일반적으로 외식업의 비용에는 고정비용(임대료, 세금, 보험료, 감가상각비 등)과 같이 영업장의 상품 판매량이 늘어도 변동 없이 지출되는 비용이 있고, 변동비(식재료비)와 같이 판매량의 증가와 함께 비례하여 지출되는 비용이 있는데, 여기에는 통제 가능한 비용(재료비, 인건비, 광고 및 홍보비, 광열비)과, 통제 불가능한 비용(임대료, 감가상각비)이 있다.

(4) 재료비 계산

식재료 소비량 계산

- 계속기록법 : 재료의 구매, 분출 등의 재료비 소비량을 장부에 기록하여 계산하는 방법
- 재고조사법 : (기초재고량 + 당기구매량) − 기말재고량 = 당기소비량으로 산출하는 방법

$$식재료 원가율 = 식재료 사용액 ÷ 총매출액 × 100$$

- 역 계산법 : 제품을 생산하는 데 필요한 표준수량을 설정하고, 그것에 제품의 수량을 곱하여 산출(표준 소비량×생산량 = 소비재료량)

식재료비의 계산

- 개별법 : 구입한 재료에 단가별로 가격표를 붙여서 사용한 재료비를 산출
- 선입선출법 : 재료의 구입 순서에 따라 소비가격을 계산하는 방식으로 일반적으로 많이 이용되는 방법이다. 먼저 구입한 재료를 먼저 사용한다는 가정 아래 계산한다.
- 후입선출법 : 최근 구입한 재료를 우선으로 하여 산출하는 방법으로 선입선출의 반대개념이다.
- 단순평균법 : 정해진 기간 동안 구입한 재료를 구입한 횟수로 나누어 산출한다.
- 이동평균법 : 재료를 구입할 때마다 재고량과 가중 평균가를 산출하여 소비재료의 가격을 계산한다.

$$총 평균단가 = 전월이월액 + 당월구입액 / 전월 이월량 + 당월구입량$$

(5) 감가상각

기업의 자산은 고정자산, 유동자산, 기타자산으로 구분된다. 이때 고정자산은 사용과 시일에 따라

가치가 감소하게 되는데 감가상각이란 고정자산의 감가를 일정한 내용연수에 일정한 비율로 할당하여 비용으로 계산하는 절차이며, 이때 감가된 비용을 감가상각비라 한다.

쉽게 말해서 땅을 제외한 건물, 기계, 기구(고정자산) 등을 시간이 경과함에 따라 비용으로 처리하는 費를 말한다.

감가상각의 계산요소

1. 기초가격 : 구입가격
2. 내용연수 : 취득한 고정자산이 유효하게 사용될 수 있는 기간
3. 잔존가격 : 고정자산이 내용연수에 도달했을 때 매각하여 얻을 수 있는 추정가격(구입가격의 10%)

감가상각 계산방법

1. 정액법 : 내용연수로 균등하게 할당하는 방법

$$\text{매년 감가상각액} = \frac{\text{기초가격}-\text{잔존가격}}{\text{내용연수}}$$

2. 정률법 : 기초가격에서 감가상각비 누계를 차감한 미상각액에 대하여 매년 일정률을 곱하여 금액을 상각하는 방법 = 미상각잔액×정률

3) 표준원가(Standard cost) 설정에 의한 원가관리

표준원가란 사전원가라고도 하는데 과학적인 자료와 분석을 근거로 하여 실제 원가계산을 한 후 비교, 분석하여 원가관리를 행하는 관리기법이다. 즉 사전에 합리적인 방법으로 미리 재료비를 결정하여 표준원가를 계산하고, 이것을 목표로 실제원가와 비교함으로써 원가를 관리하는 방법이다.

외식업의 원가관리에서 계획, 실행, 통제를 위한 표준설정은 매우 중요하다.

그중에서 표준원가 설정은 계획단계의 핵심요소로서, 이윤획득의 중요한 기준이 된다. Ninemeier(1998)는 표준원가의 5가지 기본적인 도구를 제시하였다. 여기에는 표준구매명세표(standard purchase specification), 표준조리표(standard recipe), 표준수율(standard yield), 표준분량(standard portion size), 표준분량원가(standard portion cost) 등이다. 이러한 5가지 원가표준은 실제원가와의 비교를 통해 원가의 비능률 요인을 제거하고, 정확한 원가계산의 산출, 메뉴가격결정의 기

초, 과학적 원가관리 등 원가관리의 판단기준으로 활용될 수 있으며, 오늘날의 외식경영 표준원가 설정에 많이 이용되고 있다.

⊕ 표준원가 설정 5 Tools

1) 표준구매명세서(standard purchase specification)

구매하고자 하는 식음료 품목에 대하여 수량, 크기, 무게 등을 기재한 간단한 명세서로서, 가격정책, 운영의 상품화계획, 그리고 각 메뉴의 필요에 기초한 경영에 의해 수립되어야 한다. 구매명세서의 장점으로 적절한 품질의 아이템을 구매한다면 구입비용을 줄일 수 있고 공급 거래처 간의 가격 경쟁이나 품질 경쟁 및 비교가 가능하다. 구매명세서의 단점으로는 작성하는 데 많은 시간과 노력이 필요하고 물품을 수령하는 직원의 업무가 증가한다는 것이다.

2) 표준조리법(standard recipe)

메뉴를 작성하는 데 필요한 원재료의 수량과 원하는 수준의 음식조리과정을 기록하여 놓은 설명서이다. 표준조리법을 이용할 경우 일관된 메뉴의 품질과 맛, 조리 산출량의 예측, 감독 업무의 축소, 미숙련자의 업무와 원가 관리에 도움을 줄 수 있다. 표준조리표(standard recipe)를 통해 산출된 표준 원가는 메뉴 품목별 가격 결정의 가장 기초적인 자료로 사용되며, 표준 원가와 실제 원가의 차이 분석을 위한 원인 규명에 직접적인 영향을 미치므로 원가 관리를 위한 표준으로 적합하다. 단점으로 일부 종업원들의 부정적 태도와 기존 조리법을 수정하거나 종업원 교육에 많은 시간이 소요된다는 것이다.

3) 표준산출량(표준수율, standard yield)

구매한 일정량 또는 일정무게의 원재료를 가지고 조리하여 고객에게 판매할 수 있는 상태가 됐을 때의 표준적 무게나 양을 의미한다. 수율을 구할 때 일반적으로 원재료의 손실은 준비 단계(Preparation) 중 전처리과정 시 많이 발생되고, 조리하는 과정에서 온도에 의한 손실 및 조리 온도의 부적합 요인에서 손실이 발생된다. 마지막으로 보관 단계(holding)의 실수에서 발생될 수 있다.

4) 표준분량크기(standard portion size)

고객에게 제공되는 메뉴의 제공단위 및 기준량(基準量)에 대한 명세서이다. 표준분량크기 설정은 메뉴구성의 각 단계인 전채, 앙뜨레(Entree), 야채류, 후식, 음료 등이 그 대상이 되며, 적정분량크기는 영업장의 형태, 고객의 만족 정도, 식료원재료의 원가, 판매가격에 영향을 받아 결정된다. 분량크기는 고객이 지불한 가격 수준에서 최대 만족을 주어야 하며, 기업으로서는 표준분량크기가 계속적으로 수행되는지를 확인하여 적정 원가율 유지를 통한 목표이익의 실현에 그 목표를 두어야 한다. 장점으로는 동일한 제품에 대한 1인분의 크기가 항상 동일하게 유지되고, 고객은 지불한 가격에 대한 대가로서 적량의 상품을 제공받을 수 있다는 것이다.

5) 1인분 표준 분량원가(standard portion cost)

표준조리법과 표준크기가 결정된 후 표준원가가 결정된다. 위의 네 가지는 결국 표준원가를 계산하기 위해 필요한 것이다. 표준조리표, 표준수율 등을 근거로 하여 산출된 표준조리표상의 금액을 고객 수로 나눈 금액을 의미한다. 즉 1인분 원가를 의미한다.

● 표준원가 산출

※ 판매중량 비율(산출량 비율 yield %) = 제공되는 무게 / 최초무게(구매무게) × 100

※ 판매 중량당 원가(cost per servable pound) = 최초구매가격(AP price) / 산출량비율

※ 원가지수(cost factor) = cost per servable pound / 최초구매가(AP price)

※ New cost per servable pound = New AP price × cost factor

4) 실제 원가계산(Actual cost)

실제 원가계산은 실제 소비된 식음료 재료비의 경제적 가치를 집계, 계산, 산출하는 것을 의미한다. 실제 원가는 경영자에게 합리적 의사결정에 도움이 되는 기초적 정보를 제공하기 때문에 매우 중요한 의미를 지니고 있으며, 일반적으로 외식기업의 원가계산은 기간(期間)에 따라 일일 원가계산, 월말 원가계산으로 작성된다.

(1) 일일 원가계산

일일 보고서(daily report)는 실제 제품원가를 바탕으로 해서 경영자에게 당일의 영업 상황에 관한 정보를 적합한 시점에 제공함을 목적으로 한다.

일일 식음료 원가보고서(daily report)는 당일의 매출액 및 매출원가 등이 전체적으로 나타나는 자료이며 이것은 원가관리업무를 수행하는 데 가장 기초적인 자료가 된다.

월 누계(month-to-date, MTD), 예산(budget), 표준 원가, 예년실적과의 비교 등을 통해서 영업 현황을 정확히 파악할 수 있고, 경영자가 의사결정을 하는 데 있어 차이가 많이 발생하는 영업장에 대해서는 추가적인 분석이 이루어질 수 있다.

원가율을 계산하는 공식은 다음과 같다.

$$원가율(\%) = \frac{총원가}{총매출} \times 100$$

(2) 월말 식음료 원가계산

월말 식음료 원가보고서(monthly report)는 원가관리부서에서 작성하는 최종 보고서로서 일정기간의 영업성과를 알려주는 보고서이다. 일일 보고서를 바탕으로 추가적인 결산 및 조정을 통해 일정기간의 경영성과를 측정하는 것이다.

정확한 매출원가를 확정하는 마무리 작업과 기말재고 금액을 확정하는 일은 원가관리 부서에 있어서 매우 중요한 업무이며, 각 영업장의 매출원가를 확정함과 동시에 매출과는 상관없이 발생된 비용 역시 그 발생원칙에 따라 정확하게 분류하고 처리되어야 한다. 이것은 경영성과를 합리적으로 나타내 줄 수 있는 기초자료이다.

외식사업의 원가관리를 요약하면, 기업이윤의 측면에서 핵심적인 부분으로 어느 일정시점의 관리감독이 아닌 매뉴얼에 따른 각 단계별 통제관리가 철저히 이루어져야 한다. 세부적이고 정기적인 시장 환경분석을 통해 상품에 대한 적절한 구매활동이 수행되어야 하며, 적정 재고(par stock) 재고회전율(inventory turnover) 등을 지속적으로 관리하고, 선입선출법(FIFO)에 따른 식재료의 관리와 주방관리, 정확한 메뉴분석과 메뉴 평가(menu evaluation)를 통한 의사결정이 이루어질 때 기업이 목표로 하는 이윤을 획득할 수 있다.

5) 주방에서의 원가관리방법

(1) 주방에서의 원가관리방법

조리 전 – 구매, 검수, 저장관리 정보, 시장동향, 지식 등을 습득하고,

조리 시 – 표준레시피(교육, 훈련), 전문화, 주문화에 따른 숙련도를 높이며,

조리 후 – 사전원가, 사후원가 비교분석을 통한 과학적 관리시스템을 구축해야 한다.

(2) 실제원가와 기초원가 비교 시 초과원인

생산 과정에서의 과잉생산과 비효율적 조리방법, 저장관리에서의 미숙과 잔여식재료 활용 미숙에서 찾아볼 수 있다.

(3) 외식업체의 원가 상승 요인과 대책

식자재 구매단가의 상승 및 재고물량 과다 시
① 복수 거래처의 선정, 대량구매, 산지 직구매, 경쟁 입찰, 공급처의 변경
② 대체상품의 개발

Loss 발생 시 관리측면
① 판매계획 → 생산계획 → 구매계획의 철저한 계획수립
② 적정발주, 검수철저, 적정 재고관리(온도, 시간, 보관법, 선입선출), 클레임 사전방지
③ 숙달된 접객서비스 교육훈련, 원가마인드 고취, 정확한 주문 및 확인

인건비 측면
① 개인의 능력을 제고시키기 위한 교육훈련 강화(전문성 위주의 직무교육)
② 인원 재배치, 시급조정

경비측면 : 수도광열비가 높을 때
① 홀 및 주방 내 수시 온도 측정, 냉동, 냉장고 성애 제거 및 청소
② 절수, 절연, 절전의 생활화 및 교육 강화
③ 세척 및 취급 시 파손의 경우 재질 변경, 재질별로 구분하여 세정
④ 철저한 교육으로 원가마인드 제고

➕ 원가관리 Keyword

- 회계 : 경영의 흐름을 숫자로 표현한 것으로, 직원들이 기업이 어떻게 운영되고, 리더들이 어떠한 생각을 하고 있는지 알 수 있는 객관적 자료로서 경영의 커뮤니케이션 도구로 이용된다.

- 회계의 목적 : 기업의 이해관계자가 합리적 의사결정을 할 수 있도록 기업의 경영활동을 숫자로 표시하여 신뢰성 있게 알려주는 것 즉, 기업 운영 시 의사결정의 중요한 수단으로 경영판단의 근거자료가 될 수 있다.
- 자산 : 현재 내가 가지고 있는 돈을 의미한다. 내 자본이건 빌린 자본이건 간에 현시점에서 내 주머니에 있는 자본을 말한다.
- 부채 : 제3자에게서 빌린 돈이지만 현재시점에서 나에게 있는 현물을 의미한다.
- 자본 : 기존 자신의 자본
- 자산 = 부채 + 자본
- 원가 : 가치가 일정부분에 존재해 남아 있는 것 − 재료비
- 비용 : 수익을 발생시키면서 밖으로 소멸되는 가치
- 손실 : 수익을 발생시키지 않고 밖으로 소멸되는 가치

비용과 자산의 차이

- 비용은 미래에 수익을 주지 못하는 것
- 자산은 미래에 수익을 줄 수 있는 것 − 주식, 금융, 부동산, 설비투자

원가에서 직접비, 간접비의 의미

- 직접비는 한 회사에서 두 가지 이상의 제품을 만들 때 각 제품당 직접적으로 들어간 비용
- 간접비는 두 제품 이상에 두루 사용되어 구분이 어려운 원가를 표현

변동비와 고정비의 의미

- 변동비 매출의 증감에 따라 비례해서 발생하는 비용
- 고정비 매출의 증감에 관계없이 일정하게 발생하는 비용

1. Actual cost : 실제원가

2. budgeted cost : 예산

3. direct cost : 직접경비

4. indirect cost : 간접비

5. joint cost : 결합원가를 뜻하고, 개별제품 제작 시 같이 들어가는 비용

6. relevent cost : 관련원가로서 상호 대체적 미래원가

7. sunk cost : 과거에 어떠한 의사결정에 의해서 이루어진 원가

8. opportunity cost : 기회비용

9. fix cost : 고정비

10. variable cost : 변동비

11. standard cost : 표준원가

12. asset : 자산

13. expense : 지출, 비용, 경비

14. controllable : 통제 가능한 비용 – 재료비, 인건비, 광고 홍보비

STORY

4

:

한식조리기능사 공개문제

STORY 4

한식조리기능사 공개문제

1. 조리기능사 자격 검정제도의 개요

조리기능사 자격 검정제도란 조리외식산업 분야에서 한식을 비롯해 양식, 중식, 일식, 복어조리와 같이 조리외식 산업에 관련된 전문인력을 양성하기 위한 자격 검정제도로서 공통적으로 음식의 메뉴를 계획하고 이에 따른 식품재료의 선정은 물론 구매와 검수, 저장의 업무를 수행하며 선정된 재료에 따라 적정한 조리기구를 사용하여 조리업무를 수행하는 직업인을 양성하는 것을 목표로 한다. 특히 한식조리기능사는 한국음식과 관련된 시설 및 기구를 위생적으로 유지, 관리하고, 각종 식품재료를 위생적으로 처리할 수 있어야 하며 고객의 미식적 즐거움은 물론 영양적 지식을 확보하여야 한다.

1) 한식조리기능사 자격시험 응시자격 및 수험절차

(1) 한식조리기능사

- 응시자격 : 제한 없음
- 원서접수 : 온라인 인터넷 접수(www.q-net.or.kr)
- 원서접수 기간 : 정시접수(연4회 & 상시)

• 원서 접수방법

※ 필기시험의 경우 한식, 양식, 중식, 일식, 복어조리 종목별 각각의 시험을 치러야 하며 합격일로부터 2년까지 합격이 유효하다.

(2) 조리산업기사

• 기능사 자격 취득 후 동일직무 분야에서 3년 이상 실무에 종사한 자

• 다른 종목의 산업기사 자격을 취득한 후 응시하고자 하는 항목에 속하는 동일 직무분야에서 1년 이상 실무에 종사한 자

• 응시하고자 하는 종목이 속하는 동일직무 분야에서 4년 이상 실무에 종사한 자

• 대졸 이상 학력

• 관련학과 전문대학 1학년을 마친 재학생

※ www.q-net.or.kr(응시자격 자가진단) 서비스를 통해 자가진단 가능

(3) 조리기능장

• 동일분야의 기능사 자격을 취득한 후 동일분야에서 8년 이상 실무에 종사한 자

• 조리산업기사 자격증 취득 후 동일직무 분야에서 6년 이상 실무에 종사한 자

• 동일 직무분야에서 11년 이상 실무에 종사한 자

※ www.q-net.or.kr(응시자격 자가진단) 서비스를 통해 자가진단 가능

2) 시험 진행방법 및 유의사항

1. 수험생은 시험 일자와 시험장소 · 시간을 확인한 후 수험표와 신분증을 반드시 지참하며 시험 시작 20~30분 전에 수험자 대기실에 도착하여 정숙을 유지하며 안내요원의 안내를 받도록 한다 (신분증을 지참하지 않거나 수험표의 사진이 본인이 아닐 경우에는 퇴실 조치당할 수 있다).

2. 위생복과 위생모, 앞치마를 단정히 착용한 후 안내 요원의 안내에 따라 수험표와 신분증을 확인하고 등번호를 교부받아 실기 시험장으로 입실한다(개인위생 즉, 시계, 반지 등의 액세서리의 착용을 금지하고 손톱은 단정하게 다듬는다).

3. 자신의 등번호가 있는 조리대로 가서 문제를 확인한 후 기구를 정리하며, 감독원의 지시에 따라 지급된 재료를 꼼꼼하게 확인한 후 시험을 시작한다(일단 시험이 시작되면 재료가 재지급되지 않으므로 시험 시작 전 모든 재료를 꼼꼼하게 확인하도록 한다).

4. 반드시 제시된 과제(2가지)의 요구사항대로 작품을 만들어 등번호와 함께 제출한다(제한 시간을 반드시 준수하도록 한다).

5. 완성된 작품은 시험장에서 제시된 그릇에 담아낸다.

6. 완성된 작품 제출 후 본인이 조리한 장소와 주변 등을 깨끗이 청소하고 조리기구 등은 정리, 정돈 후 감독위원의 지시에 따라 시험실에서 퇴실한다(정리정돈 미비 시 감점요인이 될 수 있다).

7. 칼이나 뜨거운 기름 등에 다치지 않도록 안전에 각별히 유의하도록 한다.

8. 수험 도중 부정행위를 할 경우 즉각 퇴실 조치되며 2년 동안 시험응시가 제한될 수 있다.

9. 수험에 사용할 식품재료는 지정된 것을 사용하여야 하며 개인별 재료를 시험장 내에 지참할 수 없다.

10. 지정된 장소를 이탈할 경우 안내위원이나 관리위원의 사전승인을 받도록 한다.

11. 지급된 재료는 1인 분량이므로 지급된 재료 전부를 사용하도록 하며 지급 재료는 1회에 한하여 지급되며 재지급은 되지 않는다. 다만 수험 시행 전 지급된 재료를 검수하여 재료가 불량하거나 지급량이 부족하다고 판단될 경우에는 교환 또는 추가 지급받을 수 있다.

3) 수험생 준비물(공통)

수험표 & 신분증	수험생 본인에 필요한 수험표 및 신분증(주민등록증, 운전면허증, 여권, 국가기술자격증, 복지카드) 등 ※ 인정하지 않는 신분증 : 학생증, 회사 사원증, 신용카드, 유효기간이 만료된 여권 등
위생복, 위생모, 앞치마	위생복, 위생모, 앞치마는 깨끗하게 준비하고 특히 특정교육기관 등 표시가 될 수 있는 표시(로고) 등은 테이프류를 이용하여 타인이 알아볼 수 없도록 조치한다.
바지 & 신발	조리에 적합한 바지나 안전화를 준비하도록 한다.
조리용 칼 & 계량도구	조리용 칼은 조리목적에 적합한 칼을 준비하고, 계량도구는 눈금표시가 없는 기구를 사용하도록 한다.

행주, 면포(거즈), 키친타월	행주와 면포는 가능한 흰색으로 준비하고 키친타월을 준비한다.
기타	중화 팬, 중화용 칼, 수저 한 벌(쇠), 나무젓가락 한 벌(30cm 정도), 체(쇠), 김발, 랩, 호일, 계량컵, 계량스푼, 조리용 가위, 공기 1개, 접시 1개, 대접 1개, 조리용 냄비

※ 지참 준비물의 경우 수험자가 필요시 추가 지참 가능하다.

4) 개인위생상태 및 안전관리 세부기준

구분	개인위생 세부기준
위생복	• 상의 : 흰색, 긴팔 • 하의 : 색상무관, 긴 바지 • 안전사고 방지를 위하여 반바지, 짧은 치마, 폭넓은 바지 등 작업에 방해되는 모양이 아닐 것
위생모	• 흰색 • 일반 조리장에서 통용되는 위생모
앞치마	• 흰색 • 무릎 아래까지 덮이는 길이
위생화 또는 작업화	• 색상 무관 • 위생화, 작업화, 발등이 덮이는 깨끗한 운동화 • 미끄러짐, 화상의 위험이 있는 슬리퍼류, 작업에 방해가 되는 굽이 높은 구두, 속 굽 있는 운동화가 아닐 것
장신구	• 착용 금지 • 시계, 반지, 귀걸이, 목걸이, 팔찌 등 이물, 교차오염 등의 식품위생 위해 장신구는 착용하지 않을 것
두발	• 단정하고 청결할 것 • 머리카락이 길 경우, 머리카락이 흘러내리지 않도록 단정히 묶거나 머리망 착용할 것
손톱	• 길지 않고 청결해야 하며 매니큐어, 인조손톱부착을 하지 않을 것

※ 위생복, 위생모, 앞치마 미착용 시 채점대상에서 제외되며 개인위생, 조리도구 등 시험장 내 모든 개인물품에는 기관 및 성명 등의 표시가 없어야 한다.

5) 위생상태 및 안전관리에 대한 채점기준

위생 및 안전 상태	채점기준
• 위생복(상/하의), 위생모, 앞치마, 마스크 중 한 가지라도 미착용한 경우 • 평상복(흰 티셔츠, 와이셔츠), 패션모자(흰 털모자, 비니, 야구모자) 등 기준을 벗어난 위생복을 착용한 경우 • 길이를 측정할 수 있는 눈금표시(cm)가 있는 조리기구를 사용한 경우	실격 (채점대상 제외)

• 무늬가 있거나 유색의 위생복 상의 · 위생모 · 앞치마를 착용한 경우 • 흰색의 위생복 상의 · 앞치마를 착용하였더라도 부직포, 비닐 등 화재에 취약한 재질의 복장을 착용한 경우(2021.8.1일부터 적용, 일정기간 유예) • 팔꿈치가 덮이지 않는 짧은 팔의 위생복을 착용한 경우 • 위생복 하의의 색상, 재질은 무관하나 짧은 바지, 통이 넓은 힙합 바지, 타이츠, 치마 등 안전과 작업에 방해가 되는 복장을 착용한 경우 • 위생모의 위 · 옆 등이 뚫려 빈틈이 있거나 수건 등으로 감싸 바느질 마감처리가 되어 있지 않고 풀어지기 쉬워 일반 조리장용으로 부적당한 경우 • 이물질(예, 청테이프) 부착 등 식품위생에 위배되는 조리기구를 사용한 경우	'위생상태 및 안전관리' 점수 전체 0점
• 위생복 상의가 긴소매 아닌 7부(팔토시 착용은 긴팔로 불인정), 실험복 형태의 긴 가 운, 금속 부착 위생복 등을 착용하여 세부기준을 준수하지 않았을 경우 • 테두리선, 칼라 등 일부 유색의 위생복 상의 · 위생모 · 앞치마를 착용한 경우(청테이프 부착 불인정) • 위생화(작업화), 장신구, 두발, 손/손톱, 폐식용유 처리, 안전사고 발생처리 등 '위생상 태 및 안전관리 세부기준'을 준수하지 않았을 경우 • 위생복(상/하의), 위생모, 앞치마, 마스크에 개인 소속 및 성명을 청테이프 등으로 가리 지 않았을 경우 • '위생상태 및 안전관리 세부기준' 이외에 위생과 안전을 저해하는 기타사항이 있을 경우	'위생상태 및 안전관리' 점수 일부 감점

※ 위 기준에 표시되어 있지 않으나 일반적인 개인위생, 식품위생, 주방위생, 안전관리를 준수하지 않을 경우 감점처
  리될 수 있습니다.

※ 수도자의 경우 제복 + 위생복 상의/하의, 위생모, 앞치마, 마스크 착용 허용

안전관리 세부기준
1. 조리장비 · 도구의 사용 전 이상 유무 점검 2. 칼 사용(손 빔) 안전 및 개인 안전사고 시 응급조치 실시 3. 튀김기름 적재장소 처리 등

6) 실기평가 채점 기준표

항목	세부 항목	내용	배점
공통 채점 사항	위생 상태 및 안전 관리 평가	• 위생(위생복 착용, 두발, 손톱 등 개인위생 상태) • 조리 순서 및 재료, 기구의 취급 숙련 정도 • 조리대 및 기구의 청소 및 안전 상태	10
작품 1	조리 기술 평가	조리 기술의 숙련도	30
	작품 평가	맛, 색, 모양, 그릇에 담기	15
작품 2	조리 기술 평가	조리 기술의 숙련도	30
	작품 평가	맛, 색, 모양, 그릇에 담기	15

※ 실기 시험은 두 가지 작품이 주어지며, 공통 채점(위생 점수 포함)과 각 작품의 조리 기술 및 작품 평가 합계가 100
  점 만점으로 60점 이상이면 합격이다.

7) 실기평가 출제기준

직무 분야	음식 서비스	중직무 분야	조리	자격 종목	한식조리기능사	적용 기간	2020.1.1.~2022.12.31.

- 직무내용 : 한식메뉴 계획에 따라 식재료를 선정, 구매, 검수, 보관 및 저장하며 맛과 영양을 고려하여 안전하고 위생적으로 음식을 조리하고 조리기구와 시설관리를 수행하는 직무이다.
- 수행준거 : 1. 음식조리 작업에 필요한 위생관련 지식을 이해하고, 주방의 청결상태와 개인위생·식품위생을 관리하여 전반적인 조리작업을 위생적으로 수행할 수 있다.
  2. 한식조리를 수행함에 있어 칼 다루기, 기본 고명 만들기, 한식 기초 조리법 등 기본적인 지식을 이해하고 기능을 익혀 조리업무에 활용할 수 있다.
  3. 쌀을 주재료로 하거나 혹은 다른 곡류나 견과류, 육류, 채소류, 어패류 등을 섞어 물을 붓고 강약을 조절하여 호화되게 밥을 조리할 수 있다.
  4. 곡류 단독으로 또는 곡류와 견과류, 채소류, 육류, 어패류 등을 함께 섞어 물을 붓고 불의 강약을 조절하여 호화되게 죽을 조리할 수 있다.
  5. 육류나 어류 등에 물을 많이 붓고 오래 끓이거나 육수를 만들어 채소나 해산물, 육류 등을 넣어 한식 국·탕을 조리할 수 있다.
  6. 육수나 국물에 장류나 젓갈로 간을 하고 육류, 채소류, 버섯류, 해산물류를 용도에 맞게 썰어 넣고 함께 끓여서 한식 찌개를 조리할 수 있다.
  7. 육류, 어패류, 채소류 등의 재료를 익기 쉽게 썰고 그대로 혹은 꼬치에 꿰어서 밀가루와 달걀을 입힌 후 기름에 지져서 한식 전·적 조리를 할 수 있다.
  8. 채소를 살짝 절이거나 생것을 양념하여 생채·회조리를 할 수 있다.

실기검정방법	작업형	시험시간	70분 정도

실기과목명	주요항목	세부항목	세세항목
한식 조리 실무	1. 한식 위생관리	1. 개인위생 관리하기	1. 위생관리기준에 따라 조리복, 조리모, 앞치마, 조리안전화 등을 착용할 수 있다 2. 두발, 손톱, 손 등 신체청결을 유지하고 작업수행 시 위생습관을 준수할 수 있다. 3. 근무 중의 흡연, 음주, 취식 등에 대한 작업장 근무수칙을 준수할 수 있다. 4. 위생관련법규에 따라 질병, 건강검진 등 건강상태를 관리하고 보고할 수 있다.
		2. 식품위생 관리하기	1. 식품의 유통기한·품질 기준을 확인하여 위생적인 선택을 할 수 있다. 2. 채소·과일의 농약 사용여부와 유해성을 인식하고 세척할 수 있다. 3. 식품의 위생적 취급기준을 준수할 수 있다. 4. 식품의 반입부터 저장, 조리과정에서 유독성, 유해물질의 혼입을 방지할 수 있다.
		3. 주방위생 관리하기	1. 주방 내에서 교차오염 방지를 위해 조리생산 단계별 작업공간을 구분하여 사용할 수 있다. 2. 주방위생에 있어 위해요소를 파악하고, 예방할 수 있다. 3. 주방, 시설 및 도구의 세척, 살균, 해충·해서 방제작업을 정기적으로 수행할 수 있다.

실기과목명	주요항목	세부항목	세세항목
			4. 시설 및 도구의 노후상태나 위생상태를 점검하고 관리할 수 있다.
			5. 식품이 조리되어 섭취되는 전 과정의 주방 위생 상태를 점검하고 관리할 수 있다.
			6. HACCP적용업장의 경우 HACCP관리기준에 의해 관리할 수 있다.
	2. 한식 안전관리	1. 개인안전 관리하기	1. 안전관리 지침서에 따라 개인 안전관리 점검표를 작성할 수 있다.
			2. 개인안전사고 예방을 위해 도구 및 장비의 정리정돈을 상시 할 수 있다.
			3. 주방에서 발생하는 개인 안전사고의 유형을 숙지하고 예방을 위한 안전수칙을 지킬 수 있다.
			4. 주방 내 필요한 구급품이 적정 수량 비치되었는지 확인하고 개인 안전 보호 장비를 정확하게 착용하여 작업할 수 있다.
			5. 개인이 사용하는 칼에 대해 사용안전, 이동안전, 보관안전을 수행할 수 있다.
			6. 개인의 화상사고, 낙상사고, 근육팽창과 골절사고, 절단사고, 전기기구에 인한 전기 쇼크 사고, 화재사고와 같은 사고 예방을 위해 주의사항을 숙지하고 실천할 수 있다.
			7. 개인 안전사고 발생 시 신속 정확한 응급조치를 실시하고 재발 방지 조치를 실행할 수 있다.
		2. 장비 · 도구 안전 작업하기	1. 조리장비 · 도구에 대한 종류별 사용방법에 대해 주의사항을 숙지할 수 있다.
			2. 조리장비 · 도구를 사용 전 이상 유무를 점검할 수 있다.
			3. 안전 장비류 취급 시 주의사항을 숙지하고 실천할 수 있다.
			4. 조리장비 · 도구를 사용 후 전원을 차단하고 안전수칙을 지키며 분해하여 청소할 수 있다.
			5. 무리한 조리장비 · 도구 취급은 금하고 사용 후 일정한 장소에 보관하고 점검할 수 있다.
			6. 모든 조리장비 · 도구는 반드시 목적 이외의 용도로 사용하지 않고 규격품을 사용할 수 있다.
		3. 작업환경 안전관리하기	1. 작업환경 안전관리 시 작업환경 안전관리 지침서를 작성할 수 있다.
			2. 작업환경 안전관리 시 작업장주변 정리 정돈 등을 관리 점검할 수 있다.
			3. 작업환경 안전관리 시 제품을 제조하는 작업장 및 매장의 온 · 습도관리를 통하여 안전사고요소 등을 제거할 수 있다.
			4. 작업장 내의 적정한 수준의 조명과 환기, 이물질, 미끄럼 및 오염을 방지할 수 있다.
			5. 작업환경에서 필요한 안전관리시설 및 안전용품을 파악하고 관리할 수 있다.

실기과목명	주요항목	세부항목	세세항목
			6. 작업환경에서 화재의 원인이 될 수 있는 곳을 자주 점검하고 화재진압기를 배치하고 사용할 수 있다.
			7. 작업환경에서의 유해, 위험, 화학물질을 처리기준에 따라 관리할 수 있다.
			8. 법적으로 선임된 안전관리책임자가 정기적으로 안전교육을 실시하고 이에 참여할 수 있다.
	3. 한식 기초 조리실무	1. 기본 칼 기술 습득하기	1. 칼의 종류와 사용용도를 이해할 수 있다.
			2. 기본 썰기 방법을 습득할 수 있다.
			3. 조리목적에 맞게 식재료를 썰 수 있다.
			4. 칼을 연마하고 관리할 수 있다.
		2. 기본 기능 습득하기	1. 한식 기본양념에 대한 지식을 이해하고 습득할 수 있다.
			2. 한식 고명에 대한 지식을 이해하고 습득할 수 있다.
			3. 한식 기본 육수조리에 대한 지식을 이해하고 습득할 수 있다.
			4. 한식 기본 재료와 전처리 방법, 활용방법에 대한 지식을 이해하고 습득할 수 있다.
		3. 기본 조리법 습득하기	1. 한식 음식종류와 상차림에 대한 지식을 이해하고 습득할 수 있다.
			2. 조리도구의 종류 및 용도를 이해하고 적절하게 사용할 수 있다.
			3. 식재료의 정확한 계량방법을 습득할 수 있다.
			4. 한식 기본 조리법과 조리원리에 대한 지식을 이해하고 습득할 수 있다.
			5. 조리 업무 전과 후의 상태를 점검하고 정리할 수 있다.
	4. 한식 밥 조리	1. 밥 재료 준비하기	1. 쌀과 잡곡의 비율을 필요량에 맞게 계량할 수 있다.
			2. 쌀과 잡곡을 씻고 용도에 맞게 불리기를 할 수 있다.
			3. 부재료는 조리법에 맞게 손질할 수 있다.
			4. 돌솥, 압력솥 등 사용할 도구를 선택하고 준비할 수 있다.
		2. 밥 조리하기	1. 밥의 종류와 형태에 따라 조리시간과 방법을 조절할 수 있다.
			2. 조리 도구, 조리법과 쌀, 잡곡의 재료특성에 따라 물의 양을 가감할 수 있다.
			3. 조리도구와 조리법에 맞도록 화력조절, 가열시간 조절, 뜸들이기를 할 수 있다.
		3. 밥 담기	1. 조리종류와 색, 형태, 인원수, 분량 등을 고려하여 그릇을 선택할 수 있다.
			2. 밥을 따뜻하게 담아낼 수 있다.
			3. 조리종류에 따라 나물 등 부재료와 고명을 얹거나 양념장을 곁들일 수 있다.
	5. 한식 죽조리	1. 죽 재료 준비하기	1. 사용할 도구를 선택하고 준비할 수 있다.
			2. 쌀 등 곡류와 부재료를 필요량에 맞게 계량할 수 있다.
			3. 조리법에 따라서 쌀 등 재료를 갈거나 분쇄할 수 있다.

실기과목명	주요항목	세부항목	세세항목
			4. 부재료는 조리법에 맞게 손질할 수 있다. 5. 사용할 도구를 선택하고 준비할 수 있다.
		2. 죽 조리하기	1. 죽의 종류와 형태에 따라 조리시간과 방법을 조절할 수 있다. 2. 조리 도구, 조리법, 쌀과 잡곡의 재료특성에 따라 물의 양을 가감할 수 있다. 3. 조리도구와 조리법, 재료특성에 따라 화력과 가열시간을 조절할 수 있다.
		3. 죽 담기	1. 조리종류와 색, 형태, 인원수, 분량 등을 고려하여 그릇을 선택할 수 있다. 2. 죽을 따뜻하게 담아낼 수 있다. 3. 조리종류에 따라 고명을 올릴 수 있다.
	6. 한식 국·탕 조리	1. 국·탕 재료 준비하기	1. 조리 종류에 맞추어 도구와 재료를 준비할 수 있다. 2. 조리에 사용하는 재료를 필요량에 맞게 계량할 수 있다. 3. 재료에 따라 요구되는 전처리를 수행할 수 있다. 4. 찬물에 육수재료를 넣고 끓이는 시간과 불의 강도를 조절할 수 있다. 5. 끓이는 중 부유물을 제거하여 맑은 육수를 만들 수 있다. 6. 육수의 종류에 따라 냉, 온으로 보관할 수 있다.
		2. 국·탕 조리하기	1. 물이나 육수에 재료를 넣어 끓일 수 있다. 2. 부재료와 양념을 적절한 시기와 분량에 맞춰 첨가할 수 있다. 3. 조리 종류에 따라 끓이는 시간과 화력을 조절할 수 있다. 4. 국·탕의 품질을 판정하고 간을 맞출 수 있다.
		3. 국·탕 담기	1. 조리종류와 색, 형태, 인원수, 분량 등을 고려하여 그릇을 선택할 수 있다. 2. 국·탕은 조리종류에 따라 온·냉 온도로 제공할 수 있다. 3. 국·탕은 국물과 건더기의 비율에 맞게 담아낼 수 있다. 4. 국·탕의 종류에 따라 고명을 활용할 수 있다.
	7. 한식 찌개조리	1. 찌개 재료 준비하기	1. 조리종류에 맞추어 도구와 재료를 준비한다. 2. 조리에 사용하는 재료를 필요량에 맞게 계량한다. 3. 재료에 따라 요구되는 전처리를 수행할 수 있다. 4. 찬물에 육수 재료를 넣고 서서히 끓일 수 있다. 5. 끓이는 중 부유물과 기름이 떠오르면 걷어내어 제거할 수 있다. 6. 조리종류에 따라 끓이는 시간과 불의 강도를 조절할 수 있다.
		2. 찌개 조리하기	1. 채소류 중 단단한 재료는 데치거나 삶아서 사용할 수 있다. 2. 조리법에 따라 재료는 양념하여 밑간할 수 있다. 3. 육수에 재료와 양념을 첨가 시점을 조절하여 넣고 끓일 수 있다.

실기과목명	주요항목	세부항목	세세항목
		3. 찌개 담기	1. 조리종류와 색, 형태, 인원수, 분량 등을 고려하여 그릇을 선택할 수 있다. 2. 조리 특성에 맞게 건더기와 국물의 양을 조절할 수 있다. 3. 온도를 뜨겁게 유지하여 제공할 수 있다.
	8. 한식 전·적 조리	1. 전·적 재료 준비하기	1. 전·적의 조리종류에 따라 도구와 재료를 준비할 수 있다. 2. 조리에 사용하는 재료를 필요량에 맞게 계량할 수 있다. 3. 전·적의 종류에 따라 재료를 전처리하여 준비할 수 있다.
		2. 전·적 조리하기	1. 밀가루, 달걀 등의 재료를 섞어 반죽 물 농도를 맞출 수 있다. 2. 조리의 종류에 따라 속재료 및 혼합재료 등을 만들 수 있다. 3. 주재료에 따라 소를 채우거나 꼬치를 활용하여 전·적의 형태를 만들 수 있다. 4. 재료와 조리법에 따라 기름의 종류·양과 온도를 조절하여 지져낼 수 있다.
		3. 전·적 담기	1. 조리종류와 색, 형태, 인원수, 분량 등을 고려하여 그릇을 선택할 수 있다. 2. 전·적의 조리는 기름을 제거하여 담아낼 수 있다. 3. 전·적 조리를 따뜻한 온도, 색, 풍미를 유지하여 담아낼 수 있다.
	9. 한식 생채·회 조리	1. 생채·회 재료 준비하기	1. 생채·회의 종류에 맞추어 도구와 재료를 준비할 수 있다. 2. 조리에 사용하는 재료를 필요량에 맞게 계량할 수 있다. 3. 재료에 따라 요구되는 전처리를 수행할 수 있다.
		2. 생채·회 조리하기	1. 양념장 재료를 비율대로 혼합, 조절할 수 있다. 2. 재료에 양념장을 넣고 잘 배합되도록 무칠 수 있다. 3. 재료에 따라 회·숙회로 만들 수 있다.
		3. 생채·회 담기	1. 조리종류와 색, 형태, 인원수, 분량 등을 고려하여 그릇을 선택할 수 있다. 2. 생채·회 그릇에 담아낼 수 있다. 3. 회는 채소를 곁들일 수 있다.
	10. 한식 구이조리	1. 구이 재료 준비하기	1. 구이의 종류에 맞추어 도구와 재료를 준비할 수 있다. 2. 조리에 사용하는 재료를 필요량에 맞게 계량할 수 있다. 3. 재료에 따라 요구되는 전처리를 수행할 수 있다.
		2. 구이 조리하기	1. 구이종류에 따라 유장처리나 양념을 할 수 있다. 2. 구이종류에 따라 초벌구이를 할 수 있다. 3. 온도와 불의 세기를 조절하여 익힐 수 있다. 4. 구이의 색, 형태를 유지할 수 있다.
		3. 구이 담기	1. 조리종류와 색, 형태, 인원수, 분량 등을 고려하여 그릇을 선택할 수 있다. 2. 조리한 음식을 부서지지 않게 담을 수 있다. 3. 구이 종류에 따라 따뜻한 온도를 유지하여 담을 수 있다.

실기과목명	주요항목	세부항목	세세항목
	11. 한식 조림 · 초조리	1. 조림 · 초 재료 준비하기	1. 조림 · 초 조리에 따라 도구와 재료를 준비할 수 있다. 2. 조리에 사용하는 재료를 필요량에 맞게 계량할 수 있다. 3. 조림 · 조리의 재료에 따라 전처리를 수행할 수 있다. 4. 양념장 재료를 비율대로 혼합, 조절할 수 있다. 5. 필요에 따라 양념장을 숙성할 수 있다.
		2. 조림 · 초 조리하기	1. 조리종류에 따라 준비한 도구에 재료를 넣고 양념장에 조릴 수 있다. 2. 재료와 양념장의 비율, 첨가 시점을 조절할 수 있다. 3. 재료가 눌어붙거나 모양이 흐트러지지 않게 화력을 조절 하여 익힐 수 있다. 4. 조리종류에 따라 국물의 양을 조절할 수 있다.
		3. 조림 · 담기	1. 조리종류와 색, 형태, 인원수, 분량 등을 고려하여 그릇을 선택할 수 있다. 2. 조리종류에 따라 국물 양을 조절하여 담아낼 수 있다. 3. 조림, 초, 조리에 따라 고명을 얹어낼 수 있다.
	12. 한식 볶음조리	1. 볶음 재료 준비하기	1. 볶음조리에 따라 도구와 재료를 준비할 수 있다. 2. 조리에 사용하는 재료를 필요량에 맞게 계량할 수 있다. 3. 볶음조리의 재료에 따라 전처리를 수행할 수 있다. 4. 양념장 재료를 비율대로 혼합, 조절하여 만들 수 있다. 5. 필요에 따라 양념장을 숙성할 수 있다.
		2. 볶음 조리하기	1. 조리종류에 따라 준비한 도구에 재료와 양념장을 넣어 기름으로 볶을 수 있다. 2. 재료와 양념장의 비율, 첨가 시점을 조절할 수 있다. 3. 재료가 눌어붙거나 모양이 흐트러지지 않게 화력을 조절 하여 익힐 수 있다.
		3. 볶음 담기	1. 조리종류와 색, 형태, 인원수, 분량 등을 고려하여 그릇을 선택할 수 있다. 2. 그릇형태에 따라 조화롭게 담아낼 수 있다. 3. 볶음조리에 따라 고명을 얹어낼 수 있다.
	13. 한식 숙채조리	1. 숙채 재료 준비하기	1. 숙채의 종류에 맞추어 도구와 재료를 준비할 수 있다. 2. 조리에 사용하는 재료를 필요량에 맞게 계량할 수 있다. 3. 재료에 따라 요구되는 전처리를 수행할 수 있다.
		2. 숙채 조리하기	1. 양념장 재료를 비율대로 혼합, 조절할 수 있다. 2. 조리법에 따라서 삶거나 데칠 수 있다. 3. 양념이 잘 배합되도록 무치거나 볶을 수 있다.
		3. 숙채 담기	1. 조리종류와 색, 형태, 인원수, 분량 등을 고려하여 그릇을 선택할 수 있다. 2. 숙채의 색, 형태, 재료, 분량을 고려하여 그릇에 담아낼 수 있다. 3. 조리종류에 따라 고명을 올리거나 양념장을 곁들일 수 있다.

8) 실기시험을 위한 준비물 목록

○ 수험장 비치품목

품목	규격	단위	개수
도마		개	1
국 대접, 공기		개	각 2
프라이팬		개	1
냄비		개	1
강판		개	1
밀대		개	1

○ 개인 준비물

품목	규격	단위	개수
위생복	백색	벌	1
위생모(머릿수건)	백색	개	1
앞치마	백색	개	1
칼, 과도, 가위(칼집)	조리용	개	각 1
숟가락, 나무젓가락	조리용	벌	각 1
계량컵, 계량스푼		개	1
키친타월		매	10
위생비닐		개	2
면 행주(면포)		매	3(1)
김발		개	1

※ 수험장에서는 기본적으로 냄비, 프라이팬, 국 대접, 공기, 강판, 밀대 등이 구비되어 있으나 다수의 사람이 사용하거나 수량이 부족할 수 있으므로 여분의 기구를 준비해서 수험에 임하도록 한다.

9) 실기시험 조리요령

1. 도마가 미끄러지지 않도록 행주를 물에 적셔 꼭 짜서 도마 밑에 깔고 준비한 조리용 칼, 계량컵, 계량스푼, 수저, 마른행주 등 기본적인 도구를 사용하기 편하게 배열한다.

2. 제시된 작품명과 재료를 꼼꼼하게 확인하고 특히 조리 시 제시되는 작품 요구사항을 중점적으로

체크한다.

3. 수험 시작 전 반드시 주재료와 양념류를 확인하고 재료가 부족하거나 혹은 불량할 경우 교환이나 추가지급을 받도록 한다.

4. 한식조리 실기시험은 다른 종목에 비해 시간초과로 실패하는 경우가 많으므로 재료를 데치거나 불릴 일이 있으면 미리 물을 끓이도록 한다.

5. 각각의 재료를 미리 분리하고 특히 공통으로 들어가는 재료의 경우 미리 분리해 둔다.

6. 양념으로 사용할 마늘, 생강, 대파는 미리 다져둔다.

7. 도마를 사용할 경우 깨끗한 재료부터 손질해서 중간에 도마를 세척해야 하는 시간을 줄이도록 한다.

8. 양념장은 미리 만들어 두고 화구는 놀리지 말고 익혀야 되는 재료들은 미리 익히도록 한다.

9. 완성된 작품은 물기가 없는 접시에 깨끗이 담고 특히 고명이 있는 작품의 경우 고명을 곁들이는 것을 잊지 않도록 주의한다.

10. 위생은 합격여부를 판단하는 가장 기본이 되는 사항이므로 개인위생은 물론 조리작업 시 중간 중간 정리정돈을 하며 조리하고 작품 제출 후 자신이 사용한 자리는 철저하게 장리정돈한 후 퇴실한다.

10) 실기시험에 나오는 식품재료 손질법

○ 더덕, 도라지

더덕과 도라지는 깨끗하게 씻은 후 칼날을 이용해서 껍질을 옆으로 돌려가며 벗긴다. 더덕과 도라지는 기본적으로 아린 맛이 나므로 소금물에 담가 쓴맛을 우려낸 후 사용한다. 더덕의 경우는 반으로 갈라 펴서 방망이로 살살 두들겨 부드럽게 한 후 무침이나 구이 등에 사용한다.

○ 오이

오이는 싱싱하고 윤기가 있으며 겉면에 오돌도돌한 가시가 돋아 있고 굵기가 일정하며 곧은 것이 좋다. 오이는 소금으로 문질러 씻고 껍질 쪽의 가시를 제거하고 사용한다.

○ 미나리

미나리는 줄기의 굵기가 일정하고 통통하며 잎이 마른 부분이 없는 것을 고르고 잎 부분은 향기가 약하므로 떼어내고 대부분 줄기만 다듬어서 사용한다. 미나리와 같은 녹색 채소를 데쳐서 사용할 때는 끓는 물에 소금을 넣고 빠르게 데친 후 바로 찬물에 담가서 식혀 물기를 제거하고 사용한다.

○ 고사리

생으로 사용할 때는 잘 다듬어서 물에 한참 담가 쓴맛을 뺀 다음 사용하고 끝부분이 말라 있거나 잎이 벌어지지 않은 어린 싹을 선택해서 사용한다. 빛깔이 검지 않고 갈색 빛이 도는 것이 좋으며, 말린 고사리는 따뜻한 물에 하루 정도 담갔다가 삶고 찬물에 충분히 담가 부드럽게 불려서 사용한다.

○ 콩나물, 숙주

콩나물과 숙주는 길이가 너무 길지 않고 뿌리가 많으며 줄기가 통통한 것으로 선택한다. 나물로 사용할 경우 거두절미(머리 부분과 꼬리부분 다듬기)를 하며 만두소처럼 요리의 소로 사용할 경우는 거두절미하지 않아도 된다.

○ 석이버섯

석이버섯은 바위에 이끼처럼 생겨난 버섯으로 색이 짙고 부서지지 않으며 두께가 두꺼운 것으로 선택하며 찬물에도 잘 불어나는 특징이 있다. 손질 시 안쪽의 검은 부분은 이끼인데 굵은소금으로 문질러 제거하거나 흐르는 물에서 비벼가면서 닦아내기도 하고 칼끝으로 제거하기도 한다. 석이버섯은 대부분 배꼽을 제거하고 소금+참기름 밑간 후 센 불보다 여열로 익혀야 형태를 유지할 수 있다.

○ 표고버섯

표고버섯은 갓이 두껍고 피지 않아야 하며 모양이 고르고 생표고보다 말린 표고버섯의 향이 더 좋다. 가을에 나는 표고버섯이 좋으며 생표고버섯은 깨끗한 면포를 이용하여 먼지를 제거하고 마른 표고는 미지근한 설탕물에 불려서 사용하면 좋다. 설탕물은 표고버섯의 향이 날아가는 것을 방지하고 부드럽게 불릴 수 있는 장점이 있다.

○ 오징어

오징어는 색이 맑은 갈색 빛에 탄력 있는 것이 좋다. 깨끗이 씻은 후 몸통 안쪽에 손가락을 집어넣어 내장이 붙어 있는 등뼈를 분리해 사용한다.

소금을 손에 묻혀 껍질을 머리 부분에서 꼬리 쪽 방향으로 잡아 벗기고 안쪽에 칼집을 넣어 여러 가지 모양으로 조리할 수 있으며 칼금을 넣는 이유는 모양은 물론 양념이 잘 배도록 하고 질겨지는 것을 방지할 수 있기 때문이다.

○ 생선(동태. 조기)

생선은 비늘이 견고하게 붙어 있고 윤기가 흐르며 눈이 튀어나온 듯하고 아가미가 선홍색인 것이 좋다. 거의 대부분의 생선은 산란기의 생선이 맛이 좋으며 꼬리부터 머리 쪽으로 비늘을 긁어낸 후 조리방법에 따라 손질을 한다.

- 생선찌개 : 생선의 머리를 자르고 비늘과 지느러미를 제거하고 내장을 제거한 뒤 씻어 토막을 내어 사용한다.
- 생선전 : 생선의 비늘을 제거하고 머리를 자른 후 내장을 제거한 뒤 뼈와 살을 분리한 후 껍질을 벗기고 물기를 제거해서 포를 떠서 사용한다.
- 생선양념구이 : 생선의 비늘을 잘 제거하고 아가미 쪽이나 배가 터지지 않도록 입이나 아가미 쪽으로 나무젓가락을 넣고 돌려서 내장을 제거한 후 사용한다.

○ 돼지고기

돼지고기는 핑크빛을 띠면서 결이 매끈하고 탄력이 있으며 기름이 많지 않으며 칼질을 할 때 칼에 묻어나는 것이 신선한 것으로 누린내를 제거하기 위해 정종, 생강, 양파즙에 재워두면 좋다.

○ 닭

닭은 껍질이 희고 윤기가 흐르며 살은 연분홍색을 띠고 껍질과 살이 잘 밀착되어 있으며 털구멍이 거친 것이 좋다. 특히 닭의 기름이 많은 부분인 꽁지를 잘라 내고 배를 가른 다음 등뼈가 있는 부분은 내리치듯 잘라내고 다리와 날개는 관절이 있는 부분을 토막내어 찬물에 담가 핏물을 제거한 후 사용한다.

○ 북어

북어는 명태를 말린 것이며 겨울에 냉동과 건조를 반복하여 말려 황색을 띠는 것을 황태라고 한다. 황태의 맛이 더 담백하며 시중에서는 통째로 말린 통북어보다는 반을 갈라 말린 편북어로 많이 유통되고 있다. 편북어나 북어포는 찬물에 잠깐 담가두었다가 물기를 제거하고 사용해야 살이 풀어지지 않는다.

11) 실기시험에서 사용되는 기본양념

소금을 이용한 갖은양념	소금, 설탕, 파, 마늘, 후추, 깨소금, 참기름
간장을 이용한 갖은양념	간장, 설탕, 파, 마늘, 후추, 깨소금, 참기름
고추장을 이용한 갖은양념	고추장, 설탕, 파, 마늘, 후추, 깨소금, 참기름
표고버섯, 목이버섯버섯에 사용되는 기본양념	간장, 설탕, 참기름
석이버섯에 사용되는 기본양념	소금, 참기름
생채에 사용되는 기본양념	고춧가루(고추장), 식초, 소금, 설탕, 파, 마늘, 후추, 깨소금(참기름)
초간장	간장, 설탕, 식초
초고추장	고추장, 설탕, 식초, (물)
약고추장	고추장, 다진 쇠고기, 참기름, 설탕, 물
유장	간장, 참기름 또는 소금, 참기름
겨자장(겨자즙)	숙성겨자, 물, 식초, 설탕, 소금, (간장)

수험자 유의사항(이하 공통)

❶ 만드는 순서에 유의하며, 위생과 숙련된 기능평가를 위하여 조리작업 시 맛을 보지 않습니다.

❷ 지정된 수험자 지참준비물 이외의 조리기구나 재료를 시험장 내에 지참할 수 없습니다.

❸ 지급재료는 시험 전 확인하여 이상이 있을 경우 시험위원으로부터 조치를 받고 시험 중에는 재료의 교환 및 추가지급은 하지 않습니다.

❹ 요구사항 및 지급재료의 규격은 "정도"의 의미를 포함하며, 지급된 재료의 크기에 따라 가감하여 채점됩니다.

❺ 위생복, 위생모, 앞치마, 마스크를 착용하여야 하며, 시험장비 · 조리도구 취급 등 안전에 유의합니다.

❻ 다음 사항은 실격에 해당하여 **채점대상에서 제외**됩니다.

　가) 수험자 본인이 시험 도중 시험에 대한 포기 의사를 표현하는 경우

　나) 위생복, 위생모, 앞치마, 마스크를 착용하지 않은 경우

　다) 시험시간 내에 과제 두 가지를 제출하지 못한 경우

　라) 문제의 요구사항대로 과제의 수량이 만들어지지 않은 경우

　마) 구이를 조림 등으로 조리하여 완성품을 요구사항과 다르게 만든 경우

　바) 불을 사용하여 만든 조리작품이 작품특성에 벗어나는 정도로 타거나 익지 않은 경우

　사) 해당과제의 지급재료 이외 재료를 사용하거나 석쇠 등 요구사항의 조리기구를 사용하지 않은 경우

　아) 지정된 수험자 지참준비물 이외의 조리기구를 조리에 사용한 경우

　자) 가스레인지 화구를 2개 이상(2개 포함) 사용한 경우

　차) 시험 중 시설 · 장비(칼, 가스레인지 등) 사용 시 시험위원 및 타 수험자의 시험 진행에 위해를 일으킬 것으로 시험위원 전원이 합의하여 판단한 경우

　카) 요구사항에 표시된 실격 및 부정행위에 해당하는 경우

❼ 항목별 배점은 위생상태 및 안전관리 5점, 조리기술 30점, 작품의 평가 15점입니다.

❽ 시험시작 전 가벼운 몸 풀기(스트레칭) 동작으로 긴장을 풀고 시험을 시작합니다.

재료 썰기

25^분

재료 썰기는 한국음식을 조리함에 있어 기본적으로 갖추어야 할 기능인 기본 썰기와 한국음식의 중요한 요소 중 하나인 고명을 만드는 것을 평가하는 것으로 한국음식 조리에 있어 가장 기초가 되는 과정이다.

지급재료

- 무 100g
- 오이(길이 25cm) 1/2개
- 당근(길이 6cm) 1토막
- 달걀 3개
- 식용유 20mL
- 소금 10g

요구사항

※ 주어진 재료를 사용하여 다음과 같이 재료 썰기를 하시오.

㉮ 무, 오이, 당근, 달걀지단을 썰기 하여 전량 제출하시오.(단, 재료별 써는 방법이 틀렸을 경우 실격 처리됩니다.)

㉯ 무는 채썰기, 오이는 돌려깎기하여 채썰기, 당근은 골패썰기를 하시오.

㉰ 달걀은 흰자와 노른자를 분리하여 알끈과 거품을 제거하고 지단을 부쳐 완자(마름모꼴)모양으로 각 10개를 썰고, 나머지는 채썰기를 하시오.

㉱ 재료 썰기의 크기는 다음과 같이 하시오.
1) 골패썰기 – 0.2cm×1.5cm×5cm
2) 마름모형 썰기 – 한 면의 길이가 1.5cm

만드는 법

❶ 오이는 소금으로 문질러 씻은 후 5.5cm 크기로 토막 내어 돌려깎기한 후 0.2cm×0.2cm×5.5cm로 채썬 다음 양옆을 잘라 길이 5cm로 정리해 준다.

❷ 무와 당근은 5.5cm 길이로 잘라 껍질을 제거한 다음 무는 0.2cm로 얇게 썬 후 0.2cm×0.2cm×5.5cm로 채썬 다음 양옆을 잘라 길이 5cm로 정리해 주고 당근은 0.2cm로 얇게 썬 후 0.2cm×1.5cm×5cm 직사각형의 골패모양으로 썬다.

❸ 달걀은 흰자와 노른자로 분리한 후 흰자는 소금 간하여 잘 풀어 거품을 제거한 뒤 체에 내리고, 노른자는 알끈을 제거하고 소금 간하여 체에 내린다.

[계란을 체에 내려야 매끈한 지단을 만들 수 있다.]

❹ 열이 오른 팬에 식용유를 두르고 약불에서 황·백지단을 부친다.

[지단을 부칠 때 핵심은 프라이팬에 수분이 묻어 있으면 지단이 팬에 달라붙을 염려가 있으므로 주의해야 하며 또한 기름을 너무 많이 두르거나 온도가 높으면 지단이 튀겨져서 매끈한 지단을 얻을 수 없으므로 기름의 양을 최소한으로 하여 부쳐준다.]

❺ 지단이 식으면 황·백지단 모두 2등분하여 하나는 0.2cm×0.2cm×5.5cm로 채썬 다음 양옆을 잘라 길이 5cm로 정리하고 여분의 황·백지단은 한 면이 1.5cm가 되게 마름모꼴로 10개씩 각각 썬다.

[지단이 식었을 때 썰어야 매끈하게 썰 수 있다.]

❻ 접시에 오이채, 무채, 골패모양으로 썬 당근, 채썬 황·백지단, 마름모꼴로 썬 황·백지단을 가지런히 담아낸다.

50_분

비빔밥

비빔밥은 궁중에서 골동반(骨董飯)이라 부르기도 하며 골동은 여러 가지 물건을 한데 섞는다는 뜻을 가지고 있으며 비빔국수를 골동면이라 부르기도 한다. 특히 비빔밥은 밥 위에 여러 가지 나물과 고기를 볶아서 한데 올린 후 어울려 먹는 음식으로 영양학적으로 균형 잡힌 한국의 대표음식이다. 또한 비빔밥에 들어가는 나물은 꼭 정해져 있는 것은 아니며 제철에 나는 갖은 채소를 이용할 수 있다. 비빔밥에 들어가는 비빔고추장을 약고추장이라 부르며 약고추장의 약은 꿀을 의미한다.

지급재료

- 쌀(30분 정도 물에 불린 쌀) 150g
- 애호박 중(길이 6cm) 60g
- 도라지(찢은 것) 20g
- 고사리(불린 것) 30g
- 청포묵 중(길이 6cm) 40g
- 소고기(살코기) 30g
- 달걀 1개
- 건다시마(5×5cm) 1장
- 고추장 40g
- 식용유 30mL
- 대파 흰 부분(4cm) 1토막
- 마늘 중(깐 것) 2쪽
- 진간장 15mL
- 흰 설탕 15g
- 깨소금 5g
- 검은 후춧가루 1g
- 참기름 5mL
- 소금(정제염) 10g

요구사항

※ 주어진 재료를 사용하여 다음과 같이 비빔밥을 만드시오.

㉮ 채소, 소고기, 황·백지단의 크기는 0.3cm×0.3cm×5cm로 써시오.

㉯ 호박은 돌려깎기하여 0.3cm×0.3cm×5cm로 써시오.

㉰ 청포묵의 크기는 0.5cm×0.5cm×5cm로 써시오.

㉱ 소고기는 고추장 볶음과 고명에 사용하시오.

㉲ 담은 밥 위에 준비된 재료들을 색 맞추어 돌려 담으시오.

㉳ 볶은 고추장은 완성된 밥 위에 얹어 내시오.

만드는 법

❶ 불린 쌀은 체에 밭쳐 흐르는 물에 씻은 후 냄비에 동량의 물을 넣고 뚜껑을 덮은 뒤 센 불로 끓이다가 끓으면 약불로 줄여 고슬하게 밥을 짓는다.
[불린 쌀(1) : 물(1) 비율]

❷ 대파와 마늘은 곱게 다져둔다.

❸ 애호박은 돌려깎기 후 0.3cm×0.3cm×5cm로 채썰어 소금에 살짝 절였다가 면포를 이용해서 수분을 제거한다.

❹ 도라지는 0.3cm×0.3cm×5cm 길이로 채썰어 소금을 이용하여 주물러 쓴맛을 제거한 후 소금물에 담근 후 헹궈서 물기를 제거한다.

❺ 고사리는 질긴 부분을 잘라내고 5cm 길이로 잘라준 후 간장, 설탕, 참기름으로 밑간해 둔다.

❻ 청포묵은 0.3cm×0.3cm×5cm로 채썰어 끓는 물에 청포묵을 데친 후 물기를 제거하고 소금과 참기름으로 밑간한다.

❼ 달걀은 황백지단을 부쳐 0.3cm×0.3cm×5cm 크기로 채썰어 준비한다.

❽ 소고기는 지급 된 재료의 2/3를 0.3cm×0.3cm×5cm 길이로 채썰어 양념하고, 나머지는 곱게 다져서 약고추장을 만든다.
[소고기채 양념 : 간장, 설탕, 다진 파, 다진 마늘, 깨소금, 검은 후춧가루, 참기름]
[약고추장 : 다진 소고기를 볶다가 고기가 반쯤 익었을 때 고추장 → 물 → 설탕 → 깨소금 → 참기름을 넣고 조려 약고추장을 만든다. 약고추장은 너무 질거나 되지 않게 만들고 참기름을 많이 넣지 않도록 한다.]

❾ 팬에 기름을 넉넉하게 두르고 깨끗이 손질한 다시마를 튀기고 기름을 체에 밭친 후 키친타월을 이용해서 여분의 기름을 제거하고 잘게 부순다.

❿ 다시마를 튀긴 후 밭쳐둔 기름을 이용해서 도라지 → 애호박 → 소고기 → 고사리 순으로 각각 볶아낸다.

⓫ 완성그릇에 밥을 담고 윗부분을 평평하게 한 다음 준비해 둔 황·백지단, 도라지, 애호박, 고사리, 소고기, 청포묵을 보기 좋게 돌려 담은 후 다시 그 위에 약고추장과 다시마를 얹어 낸다.

콩나물밥

콩나물밥은 쌀과 콩나물을 넣고 지은 별미밥으로 육류와 간장, 참기름에 어울리는 음식이다. 콩나물밥을 지을 때 물의 분량은 콩나물이 들어가므로 일반적으로 쌀밥보다 적게 넣고 짓지만 시험장에서는 소량의 콩나물밥을 지으므로 큰 의미를 두지 않아도 된다. 또한 콩나물밥은 식으면 콩나물의 수분이 빠져 질겨지므로 가능한 먹는 시간에 맞추어서 밥을 짓도록 한다.

지급재료

- 쌀(30분 정도 물에 불린 쌀) 150g
- 콩나물 60g
- 소고기(살코기) 30g
- 대파 흰 부분(4cm) 1/2 토막
- 마늘 중(깐 것) 1쪽
- 진간장 5mL
- 참기름 5mL

요구사항

※ 주어진 재료를 사용하여 다음과 같이 콩나물밥을 만드시오.

㉮ 콩나물은 꼬리를 다듬고 소고기는 채썰어 간장양념을 하시오.

㉯ 밥을 지어 전량 제출하시오.

만드는 법

❶ 불린 쌀을 찬물에 헹군 후 체에 밭쳐 물기를 뺀다.

❷ 콩나물에 붙은 껍질과 꼬리를 깔끔하게 다듬어 물에 깨끗이 씻은 후 물기를 제거한다.

❸ 소고기는 핏물을 제거하고 결대로 채썰어 간장, 다진 파, 다진 마늘, 참기름을 넣어 재워 놓는다.

❹ 냄비에 ①의 쌀을 안치고 콩나물을 얹은 다음 ③의 양념한 소고기를 낱개로 풀어 콩나물 위에 흩뿌리듯 얹고 동량의 물을 부어 밥을 짓는다.

[채썬 쇠고기를 콩나물 위에 얹을 때는 띄엄띄엄 풀어주어야 나중에 밥이 되었을 때 덩어리지는 것을 방지할 수 있다.]

❺ 콩나물밥이 다 되면 충분히 뜸을 들여주고 골고루 가볍게 섞어 완성그릇에 담아낸다.

장국죽

장국죽은 적당히 쌀을 빻고 다진 쇠고기와 채썬 표고버섯을 양념하여 함께 넣고 끓인 죽으로 간장으로 색을 내고 소금으로 간을 맞춘다. 예전에는 죽이 구황식품으로 이용되었으나 근래에 와서는 병인 회복식, 노인영양식으로 애용되고 있다. 죽은 쌀을 통으로 쑤는 죽을 옹근죽, 반쯤 부숴서 쑤는 죽을 원미죽, 곱게 갈아서 쑤는 죽을 무리죽이라 부른다.

지급재료

- 쌀(30분 정도 물에 불린 쌀) 100g
- 소고기(살코기) 20g
- 건표고버섯(지름 5cm, 부서지지 않고 물에 불린 것) 1개
- 대파 흰 부분(4cm) 1토막
- 마늘 중(깐 것) 1쪽
- 진간장 10mL
- 깨소금 5g
- 검은 후춧가루 1g
- 참기름 10mL
- 국간장 10mL

요구사항

※ 주어진 재료를 사용하여 다음과 같이 장국죽을 만드시오.

㉮ 불린 쌀을 반 정도로 싸라기를 만들어 죽을 쑤시오.

㉯ 소고기는 다지고 불린 표고는 3cm의 길이로 채써시오.

만드는 법

❶ 불린 쌀은 체에 걸러 물기를 제거한 후 방망이를 이용하여 1/2 크기의 싸라기 정도로 부순다.

❷ 소고기는 굵게 다지고 파, 마늘은 곱게 다져준다.

❸ 불린 표고버섯은 기둥을 제거한 후 물기를 꼭 짠 후 포를 떠서 길이 3cm로 채썬다.

❹ 분량의 간장 → 다진 파 → 다진 마늘 → 깨소금 → 검은 후춧가루 → 참기름을 섞어서 소고기와 표고버섯에 기본양념을 한다.

❺ 달군 냄비에 참기름을 두르고 소고기 → 표고버섯 순으로 볶다가 쌀을 넣고 쌀알이 투명해질 때까지 충분히 볶는다.

[불린 쌀은 투명해질 때까지 볶아서 죽을 끓이면 한결 맛이 좋으며 쇠주걱을 사용하거나, 처음부터 간을 하면 죽이 풀어진다.]

❻ ⑤에 쌀 분량의 5~6배의 물을 넣고 센 불 → 약한 불로 낮추어 눋지 않도록 쌀이 퍼질 때까지 저어가며 끓인다.

[중간중간 거품을 제거해 준다.]

❼ 쌀이 잘 퍼지고 농도가 적당하면 진간장으로 옅은 갈색이 되도록 하고, 마지막에 소금으로 간을 맞추어 그릇에 담아낸다.

30_분

완자탕

완자를 빚어 넣어 끓인 맑은국으로 반상보다는 교자상이나 주안상에 어울리는 국이다. 완자를 궁중에서는 봉오리라 하고 민간에서는 모리라고 해서 봉오리탕, 모리탕이라고도 한다.

지급재료

- 소고기(살코기) 50g
- 소고기(사태부위) 20g
- 달걀 1개
- 대파 흰 부분(4cm) 1/2토막
- 밀가루(중력분) 10g
- 마늘 중(깐 것) 2쪽
- 식용유 20mL
- 소금(정제염) 10g
- 검은 후춧가루 2g
- 두부 15g
- 키친타월(종이) 주방용(소 18×20cm) 1장
- 국간장 5mL
- 참기름 5mL
- 깨소금 5g
- 흰 설탕 5g

요구사항

※ 주어진 재료를 사용하여 다음과 같이 완자탕을 만드시오.

㉮ 완자는 지름 3cm로 6개를 만들고, 국 국물의 양은 200mL 이상 제출하시오.

㉯ 달걀은 지단과 완자용으로 사용하시오.

㉰ 고명으로 황 · 백지단(마름모꼴)을 각 2개씩 띄우시오.

만드는 법

❶ 소고기 사태 부위는 핏물과 힘줄을 제거하고 3컵 정도의 찬물에 여분의 대파, 마늘을 넣어 끓여 국간장으로 색을 내고 소금으로 간한 후 면포에 걸러 육수로 준비한다.

[육수를 만들 때는 핏물을 제거하고 찬물부터 넣고 약불에서 끓여야 맑게 끓일 수 있다.]

❷ 소고기 살코기는 힘줄과 핏물을 제거하고 곱게 다지고, 파, 마늘도 곱게 다진다.

❸ 두부는 물기를 꼭 짠 후 칼등으로 곱게 으깨어 다진 고기와 함께 섞어 다진 파, 다진 마늘, 소금, 검은 후춧가루, 깨소금, 참기름을 넣어 양념한 후 끈기가 생길 때까지 치댄 후 직경 2~2.5cm인 완자를 6개 만들어준다.

[소고기(3) : 두부(1)의 비율]

❹ 달걀의 1/2은 황 · 백지단을 도톰하게 부쳐서 마름모꼴(로얄 모양)로 각 두 개씩 썰어 둔다.

❺ ③의 완자에 밀가루와 여분의 달걀물을 고루 묻히고, 열이 오른 팬에 기름을 두르고 굴리면서 2/3 이상 익혀준 후 키친타월에 놓고 기름을 뺀다.

[익혀 낸 완자는 키친타월 위에 올려놓고 기름기를 제거해야 국물이 탁하지 않다.]

❻ 냄비에 ①의 사태 육수를 담고 끓어오르면 완자를 넣고 완자가 떠오를 때까지 익힌 다음 완자와 육수를 그릇에 담고 황 · 백지단으로 고명을 올려낸다.

[완자를 육수에서 너무 오래 끓이면 국물이 탁해질 우려가 있으므로 유의한다.]

30^분

생선찌개

생선찌개는 동태나 조기, 대구 등 주로 흰살생선을 토막 내어 무, 호박, 고추, 쑥갓 등의 채소와 함께 고추장, 고춧가루를 넣고 매운맛을 낸 음식이다. 진하고 농후한 맛을 원할 때는 고추장을 많이 넣고 깔끔하고 시원한 맛을 원할 때는 고춧가루를 많이 넣는다.

지급재료

- 동태(300g) 1마리
- 무 60g
- 애호박 30g
- 두부 60g
- 풋고추(길이 5cm 이상) 1개
- 홍고추(생) 1개
- 쑥갓 10g
- 마늘 중(깐 것) 2쪽
- 생강 10g
- 실파(40g) 2뿌리
- 고추장 30g
- 소금(정제염) 10g
- 고춧가루 10g

요구사항

※ 주어진 재료를 사용하여 다음과 같이 생선찌개를 만드시오.

㉮ 생선은 4~5cm의 토막으로 자르시오.

㉯ 무, 두부는 2.5cm×3.5cm×0.8cm로 써시오.

㉰ 호박은 0.5cm 반달형, 고추는 통 어슷썰기, 쑥갓과 파는 4cm로 써시오.

㉱ 고추장, 고춧가루를 사용하여 만드시오.

㉲ 각 재료는 익는 순서에 따라 조리하고, 생선살이 부서지지 않도록 하시오.

㉳ 생선머리를 포함하여 전량 제출하시오.

만드는 법

❶ 두부와 무는 2.5cm×3.5cm×0.8cm로 썰고 애호박은 0.5cm 두께의 반달모양으로 썬다.

❷ 실파는 4cm 길이로 자르고 쑥갓은 잎사귀 위주로 뜯어 찬물에 담가둔다.

❸ 홍고추는 통으로 0.5cm 두께로 어슷썰기한 후 씨를 제거해 준다.

❹ 마늘과 생강은 다진다.

❺ 생선은 비늘을 긁고 지느러미는 떼어 잘 씻은 후 4~5cm 길이로 토막을 낸다.

  [사용할 수 있는 내장부분은 골라 두고 내장이 있던 부위의 검은 막은 제거한다.]

❻ 3C 정도의 찬물을 냄비에 붓고 썰어 둔 무를 넣어 끓이다가 물이 따뜻해지면 고추장 1T와 고추가루 1T 정도를 넣고 끓인다.

❼ 무가 반쯤 익으면 생선을 넣고 끓이다가 애호박을 넣는다.

❽ 생선이 거의 익으면 두부, 마늘, 생강을 넣고 소금 간을 하고 풋고추와 홍고추를 넣는다.

❾ 중간중간에 거품을 걷어내면서 끓이다가 생선 맛이 충분히 우러나면 실파와 쑥갓을 넣고 불을 꺼준다.

❿ 접시에 홍고추, 쑥갓, 두부, 무를 따로 담아두고, 완성그릇에 생선이 부서지지 않게 조심스럽게 담아준 후 따로 담아둔 채소를 가지런히 돌려 담은 후 쑥갓을 올려 완성한다.

20^분

두부젓국찌개

두부젓국찌개는 굴과 두부를 넣고 새우젓으로 간을 맞춘 맑은 조치(찌개)로 아침상이나 죽상에 잘 어울리며 굴은 무기질 등 영양이 풍부하므로 바다의 우유라 불리기도 한다.

지급재료

- 두부 100g
- 생굴(껍질 벗긴 것) 30g
- 실파(20g) 1뿌리
- 홍고추(생) 1/2개
- 새우젓 10g
- 마늘 중(깐 것) 1쪽
- 참기름 5mL
- 소금(정제염) 5g

요구사항

※ 주어진 재료를 사용하여 다음과 같이 두부젓국찌개를 만드시오.

㉮ 두부는 2cm×3cm×1cm로 써시오.

㉯ 홍고추는 0.5cm×3cm, 실파는 3cm 길이로 써시오.

㉰ 간은 소금과 새우젓으로 하고, 국물을 맑게 만드시오.

㉱ 찌개의 국물은 200mL 이상 제출하시오.

만드는 법

❶ 굴은 연한 소금물에 흔들어 깨끗이 씻은 후 체에 밭쳐 물기를 뺀다.

❷ 두부는 2cm×3cm×1cm로 썰어 물에 담가 헹군 후 부스러기를 제거하고 체에 밭쳐둔다.

❸ 실파는 3cm 길이로 썰어주고, 홍고추는 씨를 제거하고 0.5cm×3cm 길이로 썰어준다.

❹ 마늘과 새우젓은 다져서 준비한다.

[새우젓은 곱게 다져 국물만 사용한다.]

❺ 냄비에 2컵 분량의 물을 넣고 끓으면 소금으로 심심하게 간을 해준 뒤 두부를 넣고 조금 더 끓인 후에 다진 마늘과 굴을 넣고 새우젓 국물로 간을 맞춰준다.

❻ 중간중간 거품을 걷어내고 썰어둔 홍고추를 넣은 다음 잠깐 끓인 후 불을 끄고 마지막에 실파와 참기름을 넣어 완성그릇에 담아낸다.

[홍고추는 오래 끓이면 국물에 붉게 물이 듦으로 주의한다.]
[찌개의 국물은 200㎖ 정도로 제출하고, 국물과 건더기의 비율은 국물(3) : 건더기(2)의 비율이 되도록 한다.]

제육구이

제육은 돼지고기를 의미하며 지방질이 많아 구이로 애용된다. 돼지고기의 잡내를 없애기 위해 대파, 마늘, 생강즙, 청주 등이 다량 이용된다.

지급재료

- 돼지고기(등심 또는 볼깃살) 150g
- 고추장 40g
- 진간장 10mL
- 대파 흰 부분(4cm) 1토막
- 마늘 중(깐 것) 2쪽
- 검은 후춧가루 2g
- 흰 설탕 15g
- 깨소금 5g
- 참기름 5mL
- 생강 10g
- 식용유 10mL

요구사항

※ 주어진 재료를 사용하여 다음과 같이 제육구이를 만드시오.

㉮ 완성된 제육은 0.4cm×4cm×5cm로 하시오.

㉯ 고추장 양념하여 석쇠에 구우시오.

㉰ 제육구이는 전량 제출하시오.

만드는 법

❶ 돼지고기는 기름기와 핏물을 제거한 후 가로, 세로 4.5cm×5.5cm, 두께 0.3cm로 성형한 후 칼등으로 두드리고, 칼끝으로 칼집을 넣어 줄어들지 않게 준비한다.

❷ 대파, 마늘, 생강을 곱게 다진 후 고추장, 간장, 설탕, 깨소금, 참기름, 검은 후춧가루를 넣어 고추장 양념장을 만들어 둔다.

[설탕이 잘 녹아야 윤기가 나며 농도가 되직할 경우 물을 약간 넣어준다.]

❸ ①의 돼지고기에 양념장을 골고루 묻혀 간이 배도록 한다.

❹ 석쇠를 달군 후 식용유를 발라 코팅한 후 ③의 양념한 고기를 올리고 양념장을 덧발라가며 앞뒤로 타지 않게 고루 익힌 후 완성그릇에 담아낸다.

25^분

너비아니구이

너비아니는 본래 질 좋은 쇠고기의 등심을 이용하는 음식이지만 현대에 와서 불고기라는 명칭으로 수요가 늘어나면서 뒷다리 살 등 다양한 부위를 이용하는 음식이 되었다. 이러한 이유로 인해 육질이 질겨짐에 따라 근래에는 배를 비롯해 파인애플, 키위 등 다양한 연육용 재료를 이용한다. 너비아니라는 이름은 쇠고기를 너붓너붓 썰어서 너비아니라고 이름이 붙여진 것으로 예상되며 고려 말 몽골의 지배하에 들어감에 따라 옛 조리법인 맥적을 되찾아 설야멱적이란 이름으로 불리기도 했다.

지급재료

- 소고기(안심 또는 등심, 덩어리로) 100g
- 진간장 50mL
- 대파 흰 부분(4cm) 1토막
- 마늘 중(깐 것) 2쪽
- 검은 후춧가루 2g
- 흰 설탕 10g
- 깨소금 5g
- 참기름 10mL
- 배 1/8개(50g)
- 식용유 10mL
- 잣(깐 것) 5개

요구사항

※ 주어진 재료를 사용하여 다음과 같이 너비아니구이를 만드시오.

㉮ 완성된 너비아니는 0.5cm×4cm×5cm로 하시오.

㉯ 석쇠를 사용하여 굽고, 6쪽 제출하시오.

㉰ 잣가루를 고명으로 얹으시오.

만드는 법

❶ 소고기는 기름기와 핏물을 제거하여 가로, 세로 4cm×4cm 두께 0.3cm 정도의 크기로 성형하여 칼등으로 자근자근 두들겨 부드럽게 만들어 준비한다.

❷ 대파와 마늘은 곱게 다지고 배는 강판에 갈아서 면포에 짜서 즙을 낸다.

❸ 간장, 설탕, 다진 파, 다진 마늘, 깨소금, 검은 후춧가루, 참기름, 배즙을 이용해서 양념장을 만든 후 ①의 소고기를 재워둔다.

[양념장 : 간장 1큰술, 설탕 1/2큰술, 다진 파 1작은술, 다진 마늘 1/2작은술, 후춧가루 1g, 깨소금 1g, 참기름 1g, 배즙 1큰술]

❹ 잣은 키친타월 위에 놓고 곱게 다져 잣가루를 만들어둔다.

❺ 달군 석쇠에 식용유를 발라 코팅한 후 양념장에 재운 고기를 올린 다음 타지 않게 골고루 구워 준다.

❻ 구운 너비아니 완성그릇에 담고 잣가루를 뿌려낸다.

더덕구이

더덕은 향과 맛이 독특해 생채나 구이로 주로 이용되고, 한약명으로 사삼(沙蔘)이라 불리며 강장제, 정장제로 많이 이용된다.

지급재료

- 통 더덕(껍질 있는 것, 길이 10∼15cm) 3개
- 진간장 10mL
- 대파 흰 부분(4cm) 1토막
- 마늘 중(깐 것) 1쪽
- 고추장 30g
- 흰 설탕 5g
- 깨소금 5g
- 참기름 10mL
- 소금(정제염) 10g
- 식용유 10mL

요구사항

※ 주어진 재료를 사용하여 다음과 같이 더덕구이를 만드시오.

㉮ 더덕은 껍질을 벗겨 사용하시오.

㉯ 유장으로 초벌구이 하고, 고추장 양념으로 석쇠에 구우시오.

㉰ 완성품은 전량 제출하시오.

만드는 법

❶ 더덕은 물에 깨끗이 씻어 껍질을 돌려가며 벗긴 후 5cm 길이로 자른다.

[크기에 따라 2∼3등분하거나, 통째로 소금물에 담가 아린 맛을 우려낸다.]

❷ 손질된 더덕은 물기를 제거하고 방망이를 이용하여 부드럽게 만들어 참기름과 간장을 섞어서 유장을 만든 후 재워둔다.

[유장 : 참기름 1큰술 : 간장 1작은술]

❸ 대파와 마늘은 곱게 다지고 갖은양념을 섞어 고추장 양념장을 만든다.

[양념장 : 고추장 1큰술, 설탕 1/2큰술, 다진 파 1작은술, 다진 마늘 1/2작은술, 간장 1/3작은술, 깨소금 1g, 참기름 1g]

❹ 석쇠를 달궈 식용유를 발라 코팅한 후 ②의 더덕을 애벌구이(초벌구이)해 둔다.

❺ 애벌구이한 더덕에 ③의 고추장 양념장을 발라 타지 않게 구워낸다.

생선양념구이

고추장을 이용한 생선구이는 주로 병어나 조기, 장어 등에 많이 이용되며 비린내를 제거하는 것이 가장 핵심적인 포인트로 청주나 레몬즙, 장류 등이 다량 이용된다.

지급재료

- 조기(100g~120g) 1마리
- 진간장 20mL
- 대파 흰 부분(4cm) 1토막
- 마늘 중(깐 것) 1쪽
- 고추장 40g
- 흰 설탕 5g
- 깨소금 5g
- 참기름 5mL
- 소금(정제염) 20g
- 검은 후춧가루 2g
- 식용유 10mL

요구사항

※ 주어진 재료를 사용하여 다음과 같이 생선양념구이를 만드시오.

㉮ 생선은 머리와 꼬리를 포함하여 통째로 사용하고 내장은 아가미쪽으로 제거하시오.

㉯ 유장으로 초벌구이 하고, 고추장 양념으로 석쇠에 구우시오.

㉰ 생선구이는 머리 왼쪽, 배 앞쪽 방향으로 담아내시오.

만드는 법

❶ 생선의 비늘은 칼등을 이용해서 꼬리에서 머리쪽으로 긁어서 제거하고 지느러미는 잘라낸다.

❷ 비늘과 지느러미를 제거한 생선은 아가미쪽으로 내장을 꺼낸 다음 등쪽으로 칼집을 넣고 꼬리는 브이(V)자 모양으로 손질한다.

[생선의 크기에 따라 2~3번 앞뒤로 칼금을 넣고 소금을 약간 뿌려준다. 이때 칼금은 사선으로 넣으며 내장 쪽은 건드리지 않도록 주의한다.]

[생선에 소금을 뿌리면 불순물이 제거되고 살이 단단해지는 효과가 있다.]

❸ 대파와 마늘을 곱게 다지고 여기에 지급된 양념장 재료를 넣어 고추장 양념장을 만들어두고 별도로 유장도 만들어둔다.

[고추장 양념장 : 고추장 1큰술, 설탕 1/2큰술, 다진 파 1작은술, 다진 마늘 1/2작은술, 간장 1/3작은술, 검은 후춧가루 1g, 깨소금 1g, 참기름 1g]
[유장(간장 : 참기름 = 1 : 3)]

❹ 생선의 물기를 제거한 후 먼저 유장을 발라 코팅한 석쇠에 애벌구이(초벌구이)한 후 생선살이 90% 정도 익었으면 준비해둔 고추장 양념장을 발라가며 타지 않게 구워 머리는 왼쪽으로 꼬리는 오른쪽으로, 배는 앞쪽으로 향하게 담아준다.

[구운 후 나중에 물에 생기지 않게 완전히 익히도록 하고, 생선살이 부서지지 않도록 주의한다.]

20분

북어구이

북어나 황태는 지방함유량이 적어 맛이 깔끔하며 간의 해독기능을 도와준다고 알려져 있어 숙취 해소용으로 국이나 찌개, 구이 등으로 다양하게 이용된다.

[명태의 명칭] 명태를 건조한 것 : 북어, 겨우내 해풍을 맞으며 냉동과 건조를 반복하여 말린 것(노란 빛깔) : 황태, 명태를 반건조한 것 : 코다리, 명태를 얼린 것 : 동태, 명태를 금방 잡아 신선한 상태 : 생태

지급재료

- 북어포(반을 갈라 말린 껍질이 있는 것, 40g) 1마리
- 진간장 20mL
- 대파 흰 부분(4cm) 1토막
- 마늘 중(깐 것) 2쪽
- 고추장 40g
- 흰 설탕 10g
- 깨소금 5g
- 참기름 15mL
- 검은 후춧가루 2g
- 식용유 10mL

요구사항

※ 주어진 재료를 사용하여 다음과 같이 북어구이를 만드시오.

㉮ 구워진 북어의 길이는 5cm로 하시오.

㉯ 유장으로 초벌구이 하고, 고추장 양념으로 석쇠에 구우시오.

㉰ 완성품은 3개를 제출하시오.(단, 세로로 잘라 3/6토막 제출할 경우 수량 부족으로 미완성 처리됩니다.)

만드는 법

❶ 북어포는 물에 불린 후 물기를 제거하고 머리, 꼬리, 지느러미, 잔가시 등을 제거한다.

❷ ①의 북어는 오그라들지 않도록 껍질 쪽에 잔 칼집을 넣고 길이 6cm 정도로 3토막을 내어 유장(참기름 : 간장 = 3 : 1)을 발라 잠시 재워둔다.

❸ 파, 마늘을 곱게 다진 후 고추장 양념장을 만든다.
[고추장 양념장 : 고추장 1큰술, 설탕 1/2큰술, 다진 파 1작은술, 다진 마늘 1/2작은술, 간장 1/3작은술, 검은 후춧가루 1g, 깨소금 1g, 참기름 1g]

❹ 달군 석쇠에 식용유를 발라 코팅한 후 북어포를 얹고 애벌구이(초벌구이)를 해준다.

❺ 애벌구이(초벌구이)를 한 북어에 ③ 고추장 양념장을 골고루 덧발라 주면서 타지 않게 구워낸다.

섭산적

섭산적은 소고기와 두부를 곱게 다져 만든 음식으로 맛이 담백하고 부드러운 특징이 있으며 섭산적을 간장에 조린 것을 장산적이라 부르며 주안상, 반상 등에 널리 이용된다.

지급재료

- 소고기(살코기) 80g
- 두부 30g
- 대파 흰 부분(4cm) 1토막
- 마늘 중(깐 것) 1쪽
- 소금(정제염) 5g
- 흰 설탕 10g
- 깨소금 5g
- 참기름 5mL
- 검은 후춧가루 2g
- 잣(깐 것) 10개
- 식용유 30mL

요구사항

※ 주어진 재료를 사용하여 다음과 같이 섭산적을 만드시오.

㉮ 고기와 두부의 비율을 3 : 1로 하시오.

㉯ 다져서 양념한 소고기는 크게 반대기를 지어 석쇠에 구우시오.

㉰ 완성된 섭산적은 0.7cm×2cm×2cm로 9개 이상 제출하시오.

만드는 법

❶ 소고기는 힘줄과 기름기를 제거하고 아주 곱게 다진다.

❷ 두부는 면포에 싸서 물기를 꼭 짠 후, 칼등으로 곱게 으깨어 다진 고기와 함께 합하여(고기 : 두부 = 3 : 1) 갖은양념을 넣고 끈기가 나도록 충분히 치대준다.

❸ ②의 반죽을 도마 위에 놓고 사방 8~9cm 정도, 두께 0.7cm가 되게 반대기지어 가로, 세로로 잔 칼집을 넣어준다.

❹ ③의 반대기를 기름을 발라 코팅한 석쇠에 올려 약불에서 고루 구워준다.

❺ 잣은 키친타월에 올려 칼날로 곱게 다져준다.

❻ 섭산적이 식으면 가장자리를 깔끔하게 정리하고 크기 2cm×2cm로 썰어 완성그릇에 9개를 담고 각각에 다져둔 잣가루를 고명으로 올려 낸다.

35^분

화양적

화양적은 누름적의 일종으로 모든 재료를 익혀 꼬치에 꽂아 만든 음식으로 색상이 화려해서 주안상 등에 잘 어울린다.

지급재료

- 소고기(살코기, 길이 7cm) 50g
- 건표고버섯(지름 5cm, 물에 불린 것) 1개
- 당근(곧은 것, 길이 7cm) 50g
- 오이(가늘고 곧은 것, 길이 20cm) 1/2개
- 통도라지(껍질 있는 것, 길이 20cm) 1개
- 달걀 2개
- 잣(깐 것) 10개
- 산적꼬치(길이 8~9cm) 2개
- 진간장 5mL
- 대파(흰 부분, 4cm) 1토막
- 마늘 중(깐 것) 1쪽
- 소금(정제염) 5g
- 흰 설탕 5g
- 깨소금 5g
- 참기름 5mL
- 검은 후춧가루 2g
- 식용유 30mL

요구사항

※ 주어진 재료를 사용하여 다음과 같이 화양적을 만드시오.

㉮ 화양적은 0.6cm×6cm×6cm로 만드시오.

㉯ 달걀노른자로 지단을 만들어 사용하시오.(단, 달걀흰자 지단을 사용하는 경우 오작으로 처리됩니다.)

㉰ 화양적은 2꼬치를 만들고 잣가루를 고명으로 얹으시오.

만드는 법

❶ 대파와 마늘은 곱게 다져둔다.

❷ 소고기는 핏물을 제거하고 넓게 펴서 칼집을 넣은 후 간장 양념을 해둔다.

　[간장양념 : 간장 2/3작은술, 설탕 1/3작은술, 다진 파, 다진 마늘, 후춧가루, 깨소금, 참기름 약간씩]

❸ 오이는 1cm×6cm×0.6cm로 썰어 소금에 절여준 뒤 수분을 제거한다.

❹ 통도라지와 당근은 1cm×6cm×0.6cm로 썰어 끓는 소금물에 데쳐 물기를 제거한다.

❺ 불린 표고버섯은 기둥을 떼고 물기를 짜고 당근과 같은 크기로 썰어 양념해둔다.

　[표고버섯양념 : 간장, 설탕, 참기름 약간씩]

❻ 잣은 종이에 놓고 곱게 다지고, 달걀노른자는 소금을 풀고 체에 걸러 1cm×6cm×0.6cm로 두꺼운 지단을 부쳐준다.

❼ 팬에 기름을 두르고 오이, 도라지, 당근 등 채소는 강불에서 빨리 볶아내고, 표고버섯, 고기는 중불에서 익혀낸다.

　[도라지와 당근을 익힐 때는 소금 밑간을 해준다.]

❽ 산적꼬치에 재료를 색 맞춰 끼워주고 꼬치의 양쪽이 1cm가 되게 길이를 정리해 준다.

❾ 완성그릇에 화양적을 담고, 잣가루를 뿌려낸다.

지짐누름적

지짐누름적은 재료를 익혀 꼬치에 끼운 누름적에 밀가루와 달걀물을 입혀 기름에 지져낸 음식으로 시험장에서는 반드시 꼬치를 제거하고 제출해야 한다.

지급재료

- 소고기(살코기, 길이 7cm) 50g
- 건표고버섯(지름 5cm, 물에 불려 부서지지 않은 것) 1개
- 당근(길이 7cm, 곧은 것) 50g
- 쪽파 중 2뿌리
- 통도라지(껍질 있는 것, 길이 20cm) 1개
- 밀가루(중력분) 20g
- 달걀 1개
- 참기름 5mL
- 산적꼬치(길이 8~9cm) 2개
- 식용유 30mL
- 소금(정제염) 5g
- 진간장 10mL
- 흰 설탕 5g
- 대파(흰 부분, 4cm) 1토막
- 마늘 중(깐 것) 1쪽
- 검은 후춧가루 2g
- 깨소금 5g

요구사항

※주어진 재료를 사용하여 다음과 같이 지짐누름적을 만드시오.

㉮ 각 재료는 0.6cm×1cm×6cm로 하시오.
㉯ 누름적의 수량은 2개를 제출하고, 꼬치는 빼서 제출하시오.

만드는 법

❶ 대파와 마늘은 곱게 다져둔다.

❷ 소고기는 핏물을 제거하고 넓게 펴서 칼집을 넣은 후 간장 양념을 해둔다.
　[간장 양념 : 간장 2/3작은술, 설탕 1/3작은술, 다진 파, 다진 마늘, 후춧가루, 깨소금, 참기름 약간씩]

❸ 물에 불린 표고버섯은 기둥을 제거하고 길이 6cm×1cm×0.5cm로 썰어 간장, 설탕, 참기름으로 버무려둔다.

❹ 쪽파는 6cm로 썰어 소금과 참기름으로 무쳐 놓는다.

❺ 통도라지와 당근은 1cm×6cm×0.6cm로 썰어 끓는 소금물에 데쳐 물기를 제거한다.

❻ 팬에 기름을 두르고 도라지, 당근 등 채소는 강불에서 빨리 볶아내고, 표고버섯, 고기는 중불에서 익혀낸다. 고기는 구운 후 1cm×6cm×0.6cm로 정리한다.

❼ 달걀노른자에 흰자 1큰술을 섞어 체에 내려준다.

❽ 산적꼬치에 재료들을 색깔을 맞춰 위에 1cm를 남기고 끼워준 후 밀가루를 묻히고 달걀물을 묻혀 약불에서 노릇하게 지져낸다.

❾ 지짐누름적이 식으면 꼬치를 살살 돌려 제거한 후 완성그릇에 담아 제출한다.

25분

풋고추전

풋고추전은 곱게 다져 양념한 쇠고기와 두부를 이용해 소를 만들어 부드럽게 지져낸 음식으로 고추 자체의 풍미로 인해 느끼해질 수 있는 전유어에 궁합이 잘 맞는 음식이라 할 수 있다.

지급재료

- 풋고추(길이 11cm 이상) 2개
- 소고기(살코기) 30g
- 두부 15g
- 밀가루(중력분) 15g
- 달걀 1개
- 대파(흰 부분, 4cm) 1토막
- 검은 후춧가루 1g
- 참기름 5mL
- 소금(정제염) 5g
- 깨소금 5g
- 마늘 중(깐 것) 1쪽
- 식용유 20mL
- 흰 설탕 5g

요구사항

※ 주어진 재료를 사용하여 다음과 같이 풋고추전을 만드시오.

㉮ 풋고추는 5cm 길이로, 소를 넣어 지져 내시오.

㉯ 풋고추는 잘라 데쳐서 사용하며, 완성된 풋고추전은 8개를 제출하시오.

만드는 법

❶ 냄비에 물을 올린 후, 풋고추는 반으로 갈라 씨를 제거한 후 5cm 길이로 잘라준 뒤 끓는 물에 넣어 데친 후 찬물에 헹궈준다.

❷ 대파와 마늘은 곱게 다져둔다.

❸ 소고기는 힘줄과 기름기를 제거하여 곱게 다진다.

❹ 두부는 면포를 이용해서 물기를 제거하고 곱게 으깬 후 ③의 소고기와 한데 합한 후 약간의 소금, 설탕, 다진 파, 다진 마늘, 후춧가루, 깨소금, 참기름을 넣어 끈기가 생길 때까지 치대어 고기소를 만든다.(고기 3 : 두부 1)

❺ 물기를 제거한 고추의 안쪽에 밀가루를 골고루 묻힌 후 속을 편평하게 채운다.

❻ 고기소 윗부분에 밀가루를 얇게 골고루 묻힌 후, 달걀물을 입혀 기름을 두른 팬에 고추의 소부분을 먼저 지져내고 팬을 기울여 고추의 파란 부분에 기름을 끼얹어서 파란색이 누렇게 변색되지 않게 지져준다.

❼ 키친타월에 지져낸 풋고추전을 올려 기름기를 제거한 후 완성접시에 담아낸다.

20분

표고전

    표고전은 생표고버섯보다는 건조된 표고버섯을 이용함으로써 독특한 표고버섯의 향미는 물론 소고기와 두부의 부드러운 풍미를 느낄 수 있는 음식이다.

지급재료

- 건표고버섯(지름 2.5~4cm, 부서지지 않은 것을 불려서 지급) 5개
- 소고기(살코기) 30g
- 두부 15g
- 밀가루(중력분) 20g
- 달걀 1개
- 대파(흰 부분, 4cm) 1토막
- 검은 후춧가루 1g
- 참기름 5mL
- 소금(정제염) 5g
- 깨소금 5g
- 마늘 중(깐 것) 1쪽
- 식용유 20mL
- 진간장 5mL
- 흰 설탕 5g

요구사항

※ 주어진 재료를 사용하여 다음과 같이 표고전을 만드시오.

㉮ 표고버섯과 속은 각각 양념하여 사용하시오.
㉯ 표고전은 5개를 제출하시오.

만드는 법

❶ 파, 마늘은 곱게 다지고 소고기 또한 힘줄과 기름기를 제거하여 곱게 다져준다.

❷ 두부는 면포를 이용하여 물기를 꼭 짠 후 칼등으로 으깨어 ①의 다진 고기와 한데 합한 후 소금 양념하여 끈기 있게 치대어 고기소를 만든다.(고기 3 : 두부 1)

[양념 : 소금, 설탕, 다진 파, 다진 마늘, 후춧가루, 깨소금, 참기름 약간씩]

❸ 불린 표고버섯의 기둥을 제거하고 물기를 짠 후 간장, 참기름으로 표고버섯 기둥 쪽에 밑간을 해준다.

❹ 밑간한 표고버섯의 안쪽에 밀가루를 골고루 묻힌 후 고기소를 편평하게 가장자리까지 채워준다.

❺ 달걀노른자에 달걀흰자를 1큰술 넣고 달걀물을 만들어 둔다.

❻ 고기소 부분에 밀가루를 골고루 바르고 ⑤의 달걀물을 묻힌 후 기름 두른 팬에 지져낸다.

25분

생선전

생선전은 지방이 적은 흰살생선인 동태, 대구, 민어 등을 이용하며 전유어 요리 중에서도 대표적인 음식이다. 일반적으로 포를 떠서 전을 지지는 방법을 이용하지만 생선살을 갈아 채소를 다져 넣고 양념해서 전을 부쳐도 맛이 일품이다.

지급재료

- 동태(400g) 1마리
- 밀가루(중력분) 30g
- 달걀 1개
- 소금(정제염) 10g
- 흰 후춧가루 2g
- 식용유 50mL

요구사항

※ 주어진 재료를 사용하여 다음과 같이 생선전을 만드시오.

㉮ 생선전은 0.5cm×5cm×4cm로 만드시오.

㉯ 달걀은 흰자, 노른자를 혼합하여 사용하시오.

㉰ 생선전은 8개 제출하시오.

만드는 법

❶ 동태는 비늘, 지느러미, 내장 순으로 제거하고 깨끗이 씻어 물기를 닦고 세장뜨기한다.

❷ 생선의 껍질 쪽을 밑으로 향하게 하고 꼬리 쪽에 칼을 넣어 조금 떠서 벗겨진 껍질을 왼손으로 잡아당기고 칼은 반대로 밀면서 껍질을 제거한다.

❸ 손질된 생선살을 6cm×5cm×0.4cm(제출 5cm×4cm×0.5cm) 크기로 포를 떠서 소금, 흰 후춧가루를 뿌려서 밑간을 한다.

❹ 달걀노른자에 달걀흰자 1큰술과 약간의 소금을 넣고 체에 내려 달걀물을 만든다.

❺ 생선살의 물기를 제거하고 밀가루를 고루 묻힌 후 달걀물을 입혀 기름을 두른 팬에서 약불로 노릇하게 지져낸다.

❻ 익힌 생선전을 키친타월 위에 올려놓고 기름기를 제거한 후 완성그릇에 담아낸다.

20분

육원전

전유어는 궁중에서는 전유화라 부르며 민간에서는 전유아, 저냐, 전 등으로 다양하게 부르며 육원전의 경우 소고기와 돼지고기를 다져 두부를 섞어 만드는 대표적인 육류 전유어이다.

지급재료

- 소고기(살코기) 70g
- 두부 30g
- 밀가루(중력분) 20g
- 달걀 1개
- 대파(흰 부분, 4cm) 1토막
- 검은 후춧가루 2g
- 참기름 5mL
- 소금(정제염) 5g
- 마늘 중(간 것) 1쪽
- 식용유 30mL
- 깨소금 5g
- 흰 설탕 5g

요구사항

※ 주어진 재료를 사용하여 다음과 같이 육원전을 만드시오.

㉮ 육원전은 지름 4cm, 두께 0.7cm가 되도록 하시오.

㉯ 달걀은 흰자, 노른자를 혼합하여 사용하시오.

㉰ 육원전은 6개를 제출하시오.

만드는 법

❶ 대파와 마늘은 곱게 다져둔다.

❷ 소고기는 힘줄과 기름기를 제거하고 곱게 다져준다.

❸ 두부는 면포에 싸서 물기를 꼭 짠 후 칼등으로 곱게 으깨어 다진 고기와 함께 섞고 칼등으로 다시 으깬 후 갖은양념을 넣고 끈기가 나도록 충분히 치대준다.(고기 : 두부 = 3 : 1 비율)

[양념 : 다진 파, 다진 마늘, 소금, 깨소금, 참기름, 설탕, 검은 후춧가루 약 간씩]

❹ 치댄 반죽을 6등분한 후 직경 4cm, 두께 0.7cm 정도가 되도록 동그랗고 납작하게 빚어준다.

[완자의 가장자리가 갈라지지 않게 유의한다.]

❺ 달걀노른자에 달걀흰자 1큰술과 소금 약간을 넣고 체에 내려 달걀물을 만들어준다.

❻ 완자에 밀가루를 골고루 묻히고 달걀물에 담갔다가 기름 두른 팬에 약한 불에서 앞뒤로 노릇하게 지져낸다.

[팬에서 뒤집을 때 전 위에 계란물이 조금 있을 때 뒤집어서 눌러주고, 육 즙이 흘러나올 수 있기 때문에 팬을 닦아가면서 지져야 깨끗하게 지질 수 있다.]

25^분

두부조림

두부는 중국 한나라의 유안이 만들었다고 알려져 있으며 우리나라에는 고려 중반 이전에 들어온 것으로 알려져 있다. 두부의 종류는 손두부, 취두부 등 그 종류가 매우 다양하며 특히 콩을 주원료로 만들기 때문에 불포화지방산이 많은 건강재료로써 조림, 튀김 따위의 밑반찬으로 많이 애용된다.

지급재료

- 두부 200g
- 대파(흰 부분, 4cm) 1토막
- 실고추 1g
- 검은 후춧가루 1g
- 참기름 5mL
- 소금(정제염) 5g
- 마늘 중(간 것) 1쪽
- 식용유 30mL
- 진간장 15mL
- 깨소금 5g
- 흰 설탕 5g

요구사항

※ 주어진 재료를 사용하여 다음과 같이 두부조림을 만드시오.

㉮ 두부는 0.8cm×3cm×4.5cm로 써시오.

㉯ 8쪽을 제출하고, 촉촉하게 보이도록 국물을 약간 끼얹어 내시오.

㉰ 실고추와 파채를 고명으로 얹으시오.

만드는 법

❶ 두부는 0.8cm×3cm×4.5cm로 썰어 마른 소창 위에 소금을 골고루 뿌려 밑간을 한다.

❷ 대파의 1/2(푸른 부분)은 길이 2cm 정도로 곱게 채썰고, 나머지 부분은 다져둔다. 이때 마늘도 함께 다져둔다.

❸ 실고추는 2cm 정도로 자른다.

❹ 분량의 조림장을 만들고 두부는 물기를 제거해 둔다.

  [조림장 : 간장 1큰술, 설탕 1큰술, 다진 파 1작은술, 다진 마늘 1작은술, 깨소금, 참기름 약간씩]

❺ 팬에 기름을 두르고 중불에서 두부를 앞뒤로 노릇노릇하게 지진 후 냄비에 지져낸 두부를 넣고 조림장과 분량의 물을 넣어 중불에서 국물을 끼얹어가면서 조려준다. 조릴 때에는 두부를 뒤집지 않는다.(간장 : 물 = 1 : 3 비율)

❻ 국물이 자작하게 2Ts 정도 남고, 두부가 조려지면 불을 끄고 여열로 채썬 파와 실고추를 조린 국물에 넣어 숨을 죽인다.

❼ 완성그릇에 두부 8쪽을 겹쳐 담고 채썬 파와 실고추를 고명으로 올리고 남은 국물을 끼얹어낸다.

20분

홍합초

한국음식에서 초(炒)란 조림처럼 끓이다가 국물이 조금 남았을 때 녹말을 물에 풀어 넣어 국물이 걸쭉하고 윤이 고루 나게 조리하는 방법으로 조림보다는 간을 약하고 달게 하며 홍합, 전복, 소라 등의 해물을 주로 사용한다.

지급재료

- 생홍합(굵고 싱싱한 것, 껍질 벗긴 것으로 지급) 100g
- 대파(흰 부분, 4cm) 1토막
- 검은 후춧가루 2g
- 참기름 5mL
- 마늘 중(깐 것) 2쪽
- 진간장 40mL
- 생강 15g
- 흰 설탕 10g
- 잣(깐 것) 5개

요구사항

※ 주어진 재료를 사용하여 다음과 같이 홍합초를 만드시오.

㉮ 마늘과 생강은 편으로, 파는 2cm로 써시오.
㉯ 홍합은 전량 사용하고, 촉촉하게 보이도록 국물을 끼얹어 제출하시오.
㉰ 잣가루를 고명으로 얹으시오.

만드는 법

❶ 홍합살은 수염을 제거하고 연한 소금물에 깨끗이 씻은 후 끓는 물에 살짝 데친다.

❷ 대파는 2cm 길이로 자르고 마늘과 생강은 편으로 썰어준다.

❸ 잣은 고깔 제거 후 종이 위에 잣을 올려 곱게 다진다.

❹ 냄비에 간장, 설탕, 물(1 : 0.5 : 4 비율)을 넣고 끓으면 데쳐낸 홍합과 생강편을 넣어서 중불에서 은근히 끓이다가 국물이 반으로 줄면 마늘편과 대파를 넣고 국물을 끼얹어가며 국물이 한 큰술 정도 남을 때까지 조린 후 생강편은 건져내고 마지막에 참기름과 후춧가루를 넣고 섞는다.

❺ 그릇에 홍합초를 담고 마늘편, 대파를 보기 좋게 놓은 후 조려진 국물을 약간 끼얹어주고 잣가루를 뿌려낸다.

겨자채

35^분

겨자채는 신선한 채소와 과일 그리고 황·백지단을 이용해서 매콤한 겨자소스를 곁들인 여름철 별미음식으로 겨자 특유의 따뜻하면서 묵직한 매운맛을 가지고 있다. 겨자와 비교되는 것이 일본음식에서 많이 이용되는 와사비이다. 와사비는 가볍고 날카로운 매운맛을 지니고 있다. 겨잣가루는 40℃ 되는 따뜻한 물로 개어서 숙성해야 하며 와사비분은 찬물로 개어 사용한다. 겨잣가루가 제대로 숙성되지 않으면 쓴맛이 강해 음식을 망칠 수 있으므로 유의하도록 한다.

지급재료

- 양배추 50g(50 길이 5cm)
- 오이(가늘고 곧은 것, 길이 20cm) 1/3개
- 당근(곧은 것, 길이 7cm) 50g
- 소고기(살코기, 길이 5cm) 50g
- 밤 중(생것, 껍질 깐 것) 2개
- 달걀 1개
- 배(길이로 등분, 50g 정도) 1/8개
- 흰 설탕 20g
- 잣(깐 것) 5개
- 소금(정제염) 5g
- 식초 10mL
- 진간장 5mL
- 겨잣가루 6g
- 식용유 10mL

요구사항

※ 주어진 재료를 사용하여 다음과 같이 겨자채를 만드시오.

㉮ 채소, 편육, 황 · 백지단, 배는 0.3cm×1cm×4cm로 써시오.
㉯ 밤은 모양대로 납작하게 써시오.
㉰ 겨자는 발효시켜 매운맛이 나도록 하여 간을 맞춘 후 재료를 무쳐서 담고, 잣은 고명으로 올리시오.

만드는 법

❶ 냄비에 물을 끓여 따뜻한 물(40℃)을 준비하여 겨잣가루 1큰술에 따뜻한 물 1큰술을 넣고 잘 개어준 후 뚜껑을 엎어서 따뜻한 곳에서 10분 동안 발효시킨다.

❷ 나머지 ①의 물이 끓으면 핏물을 제거한 고기를 덩어리째 삶는다.

❸ 오이, 당근, 양배추는 0.3cm×1cm×4cm로 썰어 찬물에 담가주고, 밤은 0.3cm 편썰고, 배도 오이와 같은 크기로 썰어 설탕물에 담가 갈변을 방지한다.

❹ 소고기는 가운데 부분을 찔러 보아 핏물이 보이지 않으면 건져서 키친타월이나 면포로 단단히 감싼 후 눌렀다가 식으면 오이와 같은 크기로 썰어준다.

❺ 달걀은 황백으로 나누어 지단을 부쳐 0.3cm 두께로 채소와 같은 크기로 자른다.

❻ 잣은 고깔을 제거한 후 비늘잣으로 준비해 둔다.

❼ 발효된 겨자는 식초, 백설탕, 진간장, 소금을 넣고 겨자즙을 만든다.

❽ 준비된 모든 재료의 물기를 제거한 후 황 · 백지단을 제외하고 한데 모아 겨자즙을 넣어 버무린 후 마지막에 황 · 백지단을 넣고 한번 더 살짝 버무린다.

❾ 완성그릇에 재료들이 드러나게 소복하게 담고 고명으로 비늘잣을 올려낸다.

35^분

탕평채

탕평채는 녹두녹말을 이용해서 만들며 녹두녹말에 치자색소를 넣고 만들면 황포묵이 된다.

탕평채는 본래 청포묵을 기름장에 찍어 먹는 음식이었으나 조선시대 영조대왕 때 당쟁을 없애고자 탕평책을 실시한 데서 유래되어 각종 채소를 넣어 무쳐 먹게 되었다고 알려져 있다.

지급재료

- 청포묵 중(길이 6cm) 150g
- 소고기(살코기, 길이 5cm) 20g
- 숙주(생것) 20g
- 미나리(줄기부분) 10g
- 달걀 1개
- 김 1/4장
- 진간장 20mL
- 마늘 중(간 것) 2쪽
- 대파(흰 부분, 4cm) 1토막
- 검은 후춧가루 1g
- 참기름 5mL
- 흰 설탕 5g
- 깨소금 5g
- 식초 5mL
- 소금(정제염) 5g
- 식용유 10mL

요구사항

※ 주어진 재료를 사용하여 다음과 같이 탕평채를 만드시오.

㉮ 청포묵은 0.4cm×0.4cm×6cm로 썰어 데쳐서 사용하시오.

㉯ 모든 부재료의 길이는 4~5cm로 써시오.

㉰ 소고기, 미나리, 거두절미한 숙주는 각각 조리하여 청포묵과 함께 초간장으로 무쳐 담아내시오.

㉱ 황·백지단은 4cm 길이로 채썰고, 김은 구워 부숴서 고명으로 얹으시오.

만드는 법

❶ 청포묵은 0.4cm×0.4cm×6cm로 채썰어 끓는 물에 투명하게 데쳐 찬물에 헹구어 물기를 제거한 후 식혀서 소금과 참기름으로 밑간을 한다.

❷ 숙주는 머리와 꼬리를 다듬고 끓는 소금물에 데친 뒤 물기를 제거한 후 소금과 참기름으로 밑간한다.

❸ 미나리는 잎을 떼어내고 줄기를 다듬어 끓는 물에 소금을 넣고 데쳐서 찬물에 헹군 뒤, 물기를 빼주고 4cm 길이로 썰어둔다.

❹ 대파와 마늘은 곱게 다져둔다.

❺ 소고기는 0.3cm×0.3cm×5cm로 채썰어 양념하여 볶아준다.
  [양념장 : 간장 1작은술, 설탕 1/2작은술, 다진 파, 다진 마늘, 후춧가루, 깨소금, 참기름 약간씩]

❻ 달걀은 황·백으로 분리하여 소금으로 간을 하고 지단을 부쳐 4cm로 채썰어 놓는다.

❼ 김은 살짝 구워서 채썰거나 살짝 부숴 놓는다.

❽ 진간장, 식초, 설탕을 1 : 1 : 1로 섞어 초간장을 준비한다.

❾ 그릇에 준비된 재료와 소고기, 초간장을 넣고 무치다가 청포묵을 넣어 살살 버무려준다.

❿ 완성그릇에 ⑨를 담고 황·백지단채와 김을 고명으로 얹어낸다.

35분

잡채

잡채(雜菜)는 여러 가지 채소와 쇠고기, 당면을 각각 볶아 한데 섞어 무친 음식으로 여기에서 [잡]은 '섞다, 모으다, 많다'의 의미이며 [채]는 '채소'의 의미로 여러 종류의 채소를 섞은 음식이란 뜻이다. 근래에는 해물이나 육류, 버섯 등 다양한 재료를 넣어 만드는 형태로 발전하고 있으며 영양학적인 면에서 균형 잡힌 음식으로 널리 애용되고 있다.

지급재료

- 당면 20g
- 소고기(살코기, 길이 7cm) 30g
- 건표고버섯(지름 5cm, 물에 불려 부서지지 않은 것) 1개
- 건목이버섯지름(5cm, 물에 불린 것) 2개
- 양파 중(50g) 1/3개
- 오이(가늘고 곧은 것, 길이 20cm) 1/3개
- 당근(곧은 것, 길이 7cm) 50g
- 통도라지(껍질 있는 것, 길이 20cm) 1개
- 숙주(생것) 20g
- 달걀 1개
- 흰 설탕 10g
- 대파[흰 부분(4cm)] 1토막
- 마늘 중(깐 것) 2쪽
- 진간장 20mL
- 식용유 50mL
- 깨소금 5g
- 검은 후춧가루 1g
- 참기름 5mL
- 소금(정제염) 15g

요구사항

※ 주어진 재료를 사용하여 다음과 같이 잡채를 만드시오.

㉮ 소고기, 양파, 오이, 당근, 도라지, 표고버섯은 0.3cm×0.3cm×6cm로 썰어 사용하시오.

㉯ 숙주는 데치고 목이버섯은 찢어서 사용하시오.

㉰ 당면은 삶아서 유장처리하여 볶으시오.

㉱ 황·백지단은 0.2cm×0.2cm×4cm로 썰어 고명으로 얹으시오.

만드는 법

❶ 당면은 20cm 길이로 잘라 물에 불린 후 끓는 물에 삶아 체에 밭친 뒤 간장, 설탕, 참기름으로 밑간한다.

❷ 숙주는 머리와 꼬리를 다듬고 끓는 소금물에 데친 후 물기를 제거하고 소금, 참기름으로 밑간한다.

❸ 오이는 돌려깎기하여 0.3cm×0.3cm×6cm로 채썰어 소금에 절인 후 물기를 제거하고 도라지도 오이와 같은 크기로 썰어 소금물에 절여 쓴맛을 빼준다.

❹ 양파와 당근은 오이와 같은 크기로 채썰고, 소고기도 같은 크기로 채썬 다음 갖은양념을 한다.

[소고기 양념장 : 간장 1작은술, 설탕 1/2작은술, 다진 파, 다진 마늘, 후춧가루, 깨소금, 참기름 약간씩]

❺ 표고버섯도 소고기와 같은 크기로 썰어 양념해 주고 목이버섯은 물기를 빼고 손으로 찢어 양념해 준다.

[표고버섯, 목이버섯 양념장 : 간장, 설탕, 참기름 약간씩]

❻ 팬에 기름을 두르고 도라지, 양파, 오이, 당근, 목이버섯, 표고버섯, 쇠고기, 당면 순으로 각각 볶아낸다.

❼ 달걀은 황·백지단을 부쳐 0.2cm×0.2cm×4cm 크기로 채썰어 준다.

❽ 당면과 볶은 재료를 한데 합해서 고루 버무려 완성그릇에 담고 채썬 황·백지단을 고명으로 얹어낸다.

무생채

무는 비빔밥이나 냉면 등의 고명으로도 많이 이용되지만 자체만으로 하나의 밑반찬이 되는 음식으로 시원하고 깔끔한 맛으로 대중에게 인기가 높다. 특히 무에는 디아스타제라는 소화효소가 많이 들어 있어 소화 흡수는 물론 속을 편안하게 해주는 특징이 있다.

지급재료

- 무(길이 7cm) 100g
- 소금(정제염) 5g
- 고춧가루 10g
- 흰 설탕 10g
- 식초 5mL
- 대파(흰 부분, 4cm) 1토막
- 마늘 중(깐 것) 1쪽
- 깨소금 5g
- 생강 5g

요구사항

※ 주어진 재료를 사용하여 다음과 같이 무생채를 만드시오.

㉮ 무는 0.2cm×0.2cm×6cm로 썰어 사용하시오.

㉯ 생채는 고춧가루를 사용하시오.

㉰ 무생채는 70g 이상 제출하시오.

만드는 법

❶ 무는 두께 0.2cm×폭 0.2cm×길이 6cm로 일정하게 채썰어 둔다.

❷ 양념용 대파와 마늘, 생강을 곱게 다진다.

❸ 고춧가루를 고운체에 내려 준비한다.

 [거친 고춧가루가 나올 경우 도마에서 다진 후 체에 거른다.]

❹ 채썬 무에 고운 고춧가루를 넣고 붉은색으로 1차 물들여준다.

❺ 생채양념장을 만든다.

 [고춧가루 1/2작은술, 식초 1작은술, 소금 1/2작은술, 설탕 1작은술, 다진 파, 다진 마늘, 다진 생강, 깨소금 약간씩]

❻ 제출 직전에 ④에 ⑤를 조금씩 넣어 무친 후 완성그릇에 담아낸다.

도라지생채

15분

도라지는 한약명으로 '길경'이라 불리기도 하며 특유의 향미와 맛으로 대중에게 인기가 높다. 조리적 측면에서는 나물과 정과로 많이 이용되며 약리작용으로 감기, 거담, 고혈압 등에 효능이 있다.

지급재료

- 통도라지(껍질 있는 것) 3개
- 소금(정제염) 5g
- 고추장 20g
- 흰 설탕 10g
- 식초 15mL
- 대파(흰 부분, 4cm) 1토막
- 마늘 중(간 것) 1쪽
- 깨소금 5g
- 고춧가루 10g

요구사항

※ 주어진 재료를 사용하여 다음과 같이 도라지생채를 만드시오.

㉮ 도라지는 0.3cm×0.3cm×6cm로 써시오.

㉯ 생채는 고추장과 고춧가루 양념으로 무쳐 제출하시오.

만드는 법

❶ 대파와 마늘은 곱게 다진다.

❷ 도라지는 씻은 후 껍질을 돌려깎아 0.3cm×0.3cm×6cm로 채썰어 소금물에 충분히 바락바락 주물러서 쓴맛을 없애준다.

❸ 위의 도라지를 찬물에 여러 번 헹궈(쓴맛, 짠맛 제거) 물기를 꼭 짜준다.

❹ 지급된 양념재료로 생채 양념을 만들어준다.

　[양념장 : 고추장 1작은술, 고춧가루 약간, 식초 1작은술, 설탕 1작은술, 다진 파, 다진 마늘, 깨소금 약간씩]

❺ 물기를 짠 도라지에 생채 양념을 조금씩 넣어가며 골고루 무친다.

❻ 완성그릇에 물기를 제거한 후 제출 직전에 무쳐서 낸다.

20분

더덕생채

더덕 특유의 향기가 일품이며 쌉쌀한 맛은 인삼의 주요 성분과 같은 '사포닌' 때문이다.

사포닌의 약리성분은 인체의 면역력을 높이는 것으로 알려져 있으며 더덕의 경우 생채나 구이 등 다양한 음식에 이용된다.

지급재료

- 통더덕(껍질 있는 것, 길이 10~15cm) 2개
- 마늘 중(깐 것) 1쪽
- 흰 설탕 5g
- 식초 5mL
- 대파(흰 부분, 4cm) 1토막
- 소금(정제염) 5g
- 깨소금 5g
- 고춧가루 20g

요구사항

※ 주어진 재료를 사용하여 다음과 같이 더덕생채를 만드시오.

㉮ 더덕은 5cm로 썰어 두들겨 편 후 찢어서 쓴맛을 제거하여 사용하시오.

㉯ 고춧가루로 양념하고, 전량 제출하시오.

만드는 법

❶ 더덕은 깨끗이 씻어 돌려가며 껍질을 벗기고 방망이를 이용하여 자근자근 두드려준다.

❷ 더덕을 0.5cm 두께로 저며 소금물에 담가 쓴맛을 빼준다.

❸ 대파와 마늘을 곱게 다진다.

❹ 더덕의 쓴맛이 제거되면 밀대로 두들기다가 얇게 밀고, 가늘고 길게 일정한 사이즈로 찢는다.

❺ 양념장을 만든다.
  [양념장 : 고춧가루 1작은술, 식초 1작은술, 설탕 1작은술, 다진 파, 다진 마늘, 소금, 깨소금 약간씩]

❻ ④의 더덕에 양념장을 조금씩 넣어가며 가볍게 버무려준 후, 제출 직전에 완성그릇에 소복하게 담아낸다.

20분

육회

소고기의 육회는 일반적으로 기름기가 없는 안심이나 홍두깨살 등이 이용되며 육질의 색이 좋지 않은 경우 채썰어 설탕으로 버무린 후 냉동하였다가 해동하면 빛깔이 좋아지는 특징이 있다. 육회는 한정식업체처럼 무쳐서 바로 먹는 경우에는 결 반대로 썰어 부드러움을 살려주고 뷔페업장처럼 여러 사람이 같이 이용하는 경우는 결대로 썰어줘야 부서짐이 덜하다. 그리고 익히지 않고 먹는 음식이므로 다진 마늘을 넣게 되면 고기의 색이 금방 변색되는 특징이 있으므로 외식현장에서는 다진 마늘을 넣지 않는 경우가 많다.

지급재료

- 소고기(살코기) 90g
- 배 중(100g) 1/4개
- 잣(깐 것) 5개
- 소금(정제염) 5g
- 마늘 중(깐 것) 3쪽
- 대파(흰 부분, 4cm) 2토막
- 검은 후춧가루 2g
- 참기름 10mL
- 흰 설탕 30g
- 깨소금 5g

요구사항

※ 주어진 재료를 사용하여 다음과 같이 육회를 만드시오.

㉮ 소고기는 0.3cm×0.3cm×6cm로 썰어 소금 양념으로 하시오.

㉯ 마늘은 편으로 썰어 장식하고 잣가루를 고명으로 얹으시오.

㉰ 소고기는 손질하여 전량 사용하시오.

만드는 법

❶ 지급된 배는 설탕물에 담그고 마늘의 2/3는 편으로 썰어두고 여분의 마늘은 파와 함께 곱게 다진다.

❷ 쇠고기는 핏물을 제거한 다음 기름기와 힘줄을 떼어내고 결대로 채썬다.

❸ 잣은 고깔을 떼고 종이를 깔아 다진다.

❹ 육회 양념장을 만들어 채썬 쇠고기와 버무린다.

[양념장 : 소금 1/2작은술, 설탕 1작은술, 다진 파, 다진 마늘, 후춧가루, 깨소금, 참기름 약간씩]

❺ 배는 껍질을 벗긴 후 일정하게 채썰어 면포에 수분을 제거한 후 접시에 보기 좋게 담는다.

❻ 배의 중앙에 마늘편을 돌려 담고 육회를 가운데 놓은 후 고명으로 잣가루를 뿌려낸다.

35^분

미나리강회

강회란 숙회의 일종으로 미나리나 쪽파 등의 채소를 소금물에 살짝 데친 후 육류나 다른 재료들과 어울려 말아 양념장에 찍어먹는 음식으로 파강회, 낙지강회 등 종류가 다양하다.

지급재료

- 소고기(살코기, 길이 7cm) 80g
- 미나리(줄기 부분) 30g
- 홍고추(생) 1개
- 달걀 2개
- 고추장 15g
- 식초 5mL
- 흰 설탕 5g
- 소금(정제염) 5g
- 식용유 10mL

요구사항

※ 주어진 재료를 사용하여 다음과 같이 미나리강회를 만드시오.

㉮ 강회의 폭은 1.5cm, 길이는 5cm로 만드시오.
㉯ 붉은 고추의 폭은 0.5cm, 길이는 4cm로 만드시오.
㉰ 강회는 8개 만들어 초고추장과 함께 제출하시오.

만드는 법

❶ 소고기는 핏물과 기름기를 제거한 후 끓는 물에 덩어리째 삶아 면포에 싼 후 눌러 편육으로 만든다.

❷ 냄비에 물을 올려 소금을 넣고 미나리 줄기 부분을 데쳐 찬물에 헹구어 물기를 제거한다.

❸ 편육이 식으면 폭 1.5cm×두께 0.3cm×길이 5cm로 썰어둔다.

❹ 홍고추는 찬물에 행군 후 물기를 제거하고, 폭 0.5cm×길이 4cm로 썰고 달걀은 황·백지단을 두툼하게 부쳐 편육과 같은 크기로 썰어준다.

❺ 고추장 1큰술, 식초 1작은술, 백설탕 1작은술을 섞어 초고추장을 만들어 놓는다.

❻ 아래부터 편육, 백지단, 황지단, 홍고추 순으로 함께 잡고 가운데 미나리로 3바퀴 정도 감아주고 미나리의 끝부분은 편육 아래로 집어넣어 깔끔하게 마무리해 준다.

❼ 완성그릇에 강회 8개를 일정한 각도와 간격으로 돌려 담고 초고추장을 곁들여낸다.

40^분

칠절판

칠절판은 구절판에서 유래되었으며 쇠고기, 석이버섯, 오이, 당근, 황·백지단의 6가지 재료를 곱게 채썰어 볶아 밀전병에 싸서 먹는 음식이지만 근래에는 해물이나 우엉 같은 근채류 등의 재료를 이용함으로써 외식현장에서 여러 종류의 형태로 발전하고 있는 음식 중 하나이다. 맛이 산뜻하고 모양이 화려해서 교자상이나 주안상의 전채음식으로 잘 어울린다.

지급재료

- 소고기(살코기, 길이 6cm) 50g
- 오이(가늘고 곧은 것, 길이 20cm) 1/2개
- 당근(곧은 것, 길이 7cm) 50g
- 달걀 1개
- 석이버섯(부서지지 않은 것, 마른 것) 5g
- 밀가루(중력분) 50g
- 진간장 20mL
- 마늘 중(깐 것) 2쪽
- 대파 흰 부분(4cm) 1토막
- 검은 후춧가루 1
- 참기름 10mL
- 흰 설탕 10g
- 깨소금 5g
- 식용유 30mL
- 소금(정제염) 10g

요구사항

※ 주어진 재료를 사용하여 다음과 같이 칠절판을 만드시오.

㉮ 밀전병은 지름이 8cm가 되도록 6개를 만드시오.

㉯ 채소와 황·백지단, 소고기는 0.2cm×0.2cm×5cm로 써시오.

㉰ 석이버섯은 곱게 채를 써시오.

만드는 법

❶ 밀가루 5큰술, 물 6큰술, 소금 약간을 고루 섞어 체에 내려 전병 반죽을 한다.

❷ 냄비에 물을 끓여 석이버섯을 불려준 후 소금으로 비벼 깨끗이 씻는다.

❸ 오이는 소금으로 문질러 씻은 후 돌려깎아 0.2cm×0.2cm×5cm로 채썰어 소금에 절였다가 물기를 꼭 짜준다.

❹ 당근도 오이와 같은 두께로 채썰어 소금에 절였다가 물기를 꼭 짜준다.

❺ 소고기는 0.2cm×0.2cm×5cm로 가늘게 채썰고 소고기 양념을 해준다.

[소고기 양념장 : 간장 1작은술, 설탕 1/2작은술, 다진 파, 다진 마늘, 후춧가루, 깨소금, 참기름 약간씩]

❻ 석이버섯은 손질 후 돌돌 말아서 가늘게 채썰어 소금, 참기름으로 밑간해 준다.

❼ 달걀은 황·백지단을 부쳐 0.2cm×0.2cm×5cm 크기로 곱게 채썬다.

❽ 밀전병은 지름 8cm 크기의 원형으로 6개 부친다.

❾ 팬에 식용유를 두르고 오이, 당근, 석이버섯, 소고기 순으로 볶아준다.

❿ 완성그릇 중앙에 밀전병을 켜켜이 겹쳐서 놓고 볶아낸 재료들의 색을 맞추어 보기 좋게 돌려 담는다.

30분

오징어볶음

오징어는 오적어(烏賊魚)라 불리기도 하며 오징어 특유의 담백함과 매콤한 고추장 양념이 어우러져 술안주나 반상차림에 잘 어울린다. 오징어에 칼금을 넣는 이유는 해물이라는 재료 특성상 불에 오래 두면 질겨지므로 이를 방지하고 양념이 잘 배게 하는 목적과 더불어 모양을 예쁘게 하기 위함이다.

지급재료

- 물오징어(250g) 1마리
- 소금(정제염) 5g
- 진간장 10mL
- 흰 설탕 20g
- 참기름 10mL
- 깨소금 5g
- 풋고추(길이 5cm 이상) 1개
- 홍고추(생) 1개
- 양파 중(150g) 1/3개
- 마늘 중(간 것) 2쪽
- 대파[흰 부분(4cm)] 1토막
- 생강 5g
- 고춧가루 15g
- 고추장 50g
- 검은 후춧가루 2g
- 식용유 30mL

요구사항

※ 주어진 재료를 사용하여 오징어볶음을 만드시오.

㉮ 오징어는 0.3cm 폭으로 어슷하게 칼집을 넣고, 크기는 4×1.5cm로 써시오.(단, 오징어 다리는 4cm 길이로 자른다.)

㉯ 고추, 파는 어슷썰기, 양파는 폭 1cm로 써시오.

만드는 법

❶ 오징어는 먹물이 터지지 않게 배를 갈라 내장을 제거하고 굵은소금을 이용해서 몸통과 다리의 껍질을 벗겨준 후 깨끗이 씻어 몸통 안쪽에 폭 0.3cm 대각선으로 어슷하게 칼집을 넣는다.

❷ 칼집 넣은 오징어를 길이 4cm×폭 1.5cm로 썰고 다리는 4cm 길이로 썰어 준비한다.

❸ 풋고추와 홍고추, 대파는 어슷썰기하고 양파는 한 장씩 떼어내 폭 1cm 두께로 썰어주고 마늘, 생강은 다져준다.

❹ 분량의 고추장에 고춧가루, 백설탕, 진간장, 깨소금, 참기름, 검은 후춧가루, 다진 생강, 다진 마늘을 섞어 양념장을 만든다.

❺ 팬을 달궈서 기름을 두르고 양파를 넣고 살짝 볶다가 오징어를 넣어 볶는다.

❻ 오징어가 반쯤 익으면 양념장을 넣고 살짝 볶다가 풋고추, 홍고추, 대파를 넣고 볶은 다음 마지막으로 참기름을 두르고 마무리한다.

❼ 오징어의 칼금이 보이도록 완성그릇에 담고, 풋고추, 홍고추, 대파, 양파도 조화롭게 담아낸다.

부록

한식메뉴 외국어 표기 길라잡이 700

부록

한식메뉴 외국어 표기 길라잡이 700

상차림 Sangcharim _ Korean Set Table

백반 Baekban Combination Meals
산채 정식 Sanchaejeongsik Wild Vegetable Dish Combo
쌈밥 정식 Ssambapjeongsik Leaf Wraps and Rice Combo
한정식 Hanjeongsik Korean Table d'hote

밥 Bap

곤드레나물밥 Gondeurenamulbap Thistle Rice
굴국밥 Gulgukbap Oyster and Rice Soup
굴밥 Gulbap Oyster Rice
김밥 Gimbap Gimbap
김치김밥 Kimchigimbap Kimchi Gimbap
김치볶음밥 Kimchibokkeumbap Kimchi Fried Rice
낙지덮밥 Nakjideopbap Spicy Stir-fried Octopus with Rice
누룽지 Nurungji Scorched Rice
대나무통밥 Daenamutongbap Steamed Rice in Bamboo Tube
돌솥비빔밥 Dolsotbibimbap Hot Stone Pot Bibimbap

돼지국밥 Dwaejigukbap Pork and Rice Soup

따로국밥 Ttarogukbap Rice and Soup

멍게비빔밥 Meonggebibimbap Sea Pineapple Bibimbap

메밀감자비빔밥 Memilgamjabibimbap Buckwheat and Potato Bibimbap

묵밥 Mukbap Chilled Acorn Jelly and Rice Soup

밥 Bap Steamed Rice

보리밥 Boribap Steamed Barley Rice

불고기덮밥 Bulgogideopbap Bulgogi with Rice

비빔밥 Bibimbap Bibimbap

산채비빔밥 Sanchaebibimbap Wild Vegetable Bibimbap

삼선비빔밥 Samseonbibimbap Three-delicacy Bibimbap

새싹비빔밥 Saessakbibimbap Sprout Bibimbap

샐러드김밥 Salad Gimbap Salad Gimbap

소고기국밥 Sogogigukbap Beef and Rice Soup

소고기김밥 Sogogigimbap Beef Gimbap

소머리국밥 Someorigukbap Beef Head Meat and Rice Soup

송어덮밥 Songeodeopbap Stir-fried Trout with Rice

순대국밥 Sundaegukbap Blood Sausage and Rice Soup

쌈밥 Ssambap Leaf Wraps and Rice

알밥 Albap Fish Roe Rice

양푼비빔밥 Yangpunbibimbap Large Brass Bowl Bibimbap

연잎밥 Yeonnipbap Lotus Leaf Rice

열무비빔밥 Yeolmubibimbap Young Summer Radish Bibimbap

영양돌솥밥 Yeongyangdolsotbap Nutritious Hot Stone Pot Rice

오곡밥 Ogokbap Steamed Five-grain Rice

오분작돌솥밥 Obunjakdolsotbap Small Abalone Hot Stone Pot Rice

오징어덮밥 Ojingeodeopbap Spicy Stir-fried Squid with Rice

우거지사골국밥 Ugeojisagolgukbap Napa Cabbage and Rice Soup

우렁된장비빔밥 Ureongdoenjangbibimbap Freshwater Snail Soybean Paste Bibimbap

우렁쌈밥 Ureongssambap Freshwater Snail Leaf Wraps and Rice

육회돌솥비빔밥 Yukhoedolsotbibimbap Beef Tartare Hot Stone Pot Bibimbap

육회비빔밥 Yukhoebibimbap Beef Tartare Bibimbap

잡곡밥 Japgokbap Steamed Multi-grain Rice

잡채덮밥 Japchaedeopbap Stir-fried Glass Noodles and Vegetables with Rice

장국밥 Janggukbap Beef and Rice Soup

장어덮밥 Jangeodeopbap Stir-fried Eel with Rice

전복돌솥밥 Jeonbokdolsotbap Abalone Hot Stone Pot Rice

전주비빔밥 Jeonjubibimbap Jeonju Bibimbap

제육덮밥 Jeyukdeopbap Spicy Stir-fried Pork with Rice

제육비빔밥 Jeyukbibimbap Spicy Pork Bibimbap

제육쌈밥 Jeyukssambap Spicy Stir-fried Pork, Leaf Wraps and Rice

주먹밥 Jumeokbap Riceballs

진주비빔밥 Jinjubibimbap Jinju Bibimbap

참치김밥 Chamchigimbap Tuna Gimbap

충무김밥 Chungmugimbap Chungmu Gimbap

치즈김밥 Cheese Gimbap Cheese Gimbap

콩나물국밥 Kongnamulgukbap Bean Sprout and Rice Soup

콩나물밥 Kongnamulbap Bean Sprout Rice

헛제삿밥 Heotjesatbap Bibimbap with Soy Sauce

황태구이덮밥 Hwangtaeguideopbap Grilled Dried Pollack with Rice

회덮밥 Hoedeopbap Raw Fish Bibimbap

죽 Juk

게살죽 Gesaljuk Crab Porridge

녹두죽 Nokdujuk Mung Bean Porridge

바지락죽 Bajirakjuk Clam Porridge

백합죽 Baekhapjuk Hard Clam Porridge

버섯옥수수죽 Beoseotoksusujuk Mushroom and Corn Porridge

버섯죽 Beoseotjuk Mushroom Porridge

삼계죽 Samgyejuk Ginseng and Chicken Porridge

소고기버섯죽 Sogogibeoseotjuk Beef and Mushroom Porridge

어죽 Eojuk Fish Porridge

잣죽 Jatjuk Pine Nut Porridge

전복내장죽 Jeonboknaejangjuk Abalone Intestine Porridge

전복죽 Jeonbokjuk Abalone Porridge

참치죽 Chamchijuk Tuna Porriddge

채소죽 Chaesojuk Vegetable Porridge

팥죽 Patjuk Red Bean Porridge

해물죽 Haemuljuk Seafood Porridge

호박죽 Hobakjuk Pumpkin Porridge

흑임자죽 Heugimjajuk Black Sesame Porridge

면 Myeon

감자수제비 Gamjasujebi Hand-pulled Potato Dough Soup

감자옹심이 Gamjaongsimi Potato Ball Soup

검정콩국수 Geomjeongkongguksu Noodles in Cold Black Soybean Soup

고기국수 Gogiguksu Pork Noodles

곰국시 Gomguksi Beef Noodles

김치말이국수 Kimchimariguksu Kimchi Noodles

냉메밀국수 Naengmemilguksu Cold Buckwheat Noodles

느른국 Neureunguk Buckwheat Noodle Soup

닭칼국수 Dakkalguksu Noodle Soup with Chicken

동치미물냉면 Dongchimimullaengmyeon Cold Buckwheat Noodles with Radish Water Kimchi

들깨수제비 Deulkkaesujebi Hand-pulled Dough in Perilla Seed Soup

들깨칼국수 Deulkkaekalguksu Noodle Soup with Perilla Seeds

떡국 Tteokguk Scorched Rice

막국수 Makguksu Buckwheat Noodles

매생이굴칼국수 Maesaengigulkalguksu Noodle Soup with Seaweed Fulvescens and Oyster

물냉면 Mullaengmyeon Cold Buckwheat Noodles

바지락칼국수 Bajirakkalguksu Noodle Soup with Clams

비빔국수 Bibimguksu Spicy Noodles

비빔냉면 Bibimnaengmyeon Spicy Buckwheat Noodles

수제비 Sujebi Hand-pulled Dough Soup

안동국시 Andongguksi Andong Noodle

어탕국수 Eotangguksu Noodle in Fish Stew

얼큰수제비 Eolkeunsujebi Spicy Hand-pulled Dough Soup

얼큰칼국수 Eolkeunkalguksu Spicy Noodle Soup

열무국수 Yeolmuguksu Young Summer Radish Kimchi Noodles

열무냉면 Yeolmunaengmyeon Buckwheat Noodles with Young Summer Radish Kimchi

열무비빔국수 Yulmubibimguksu Spicy Noodles with Young Summer Radish Kimchi

온면 Onmyeon Warm Noodles

잔치국수 Janchiguksu Banquet Noodles

쟁반국수 Jaengbanguksu Jumbo-sized Buckwheat Noodles

진주냉면 Jinjunaengmyeon Jinju Cold Buckwheat Noodles

쫄면 Jjolmyeon Spicy Chewy Noodles

초계국수 Chogyeguksu Cold Chicken Noodles

칡냉면 Chingnaengmyeon Cold Arrow Root Noodles

칼국수 Kalguksu Noodle Soup

코다리냉면 Kodarionaengmyeon Cold Buckwheat Noodles with Halfdried Pollak

콧등치기국수 Kotdeungchigiguksu Buckwheat Noodles with Potato Balls

콩국수 Kongguksu Noodles in Cold Soybean Soup

팥칼국수 Patkalguksu Red Bean Paste Noodle Soup

평양냉면 Pyeongyangnaengmyeon Pyeongyang Cold Buckwheat Noodles

함흥냉면 Hamheungnaengmyeon Hamheung Cold Buckwheat Noodles

항아리수제비 Hangarisujebi Hand-pulled Dough Soup in Pot

해물수제비 Haemulsujebi Hand-pulled Dough Soup with Seafood

해물칼국수 Haemulkalguksu Noodle Soup with Seafood

황태비빔막국수 Hwangtaebibimmakguksu Spicy Buckwheat Noodles with Dried Pollack

황태칼국수 Hwangtaekalguksu Noodle Soup with Dried Pollack

회냉면 Hoenaengmyeon Cold Buckwheat Noodles with Raw Fish

국 Guk

곰칫국 Gomchitguk Moray Eel Soup

근댓국 Geundaetguk Leaf Beet Soup

김치콩나물국 Kimchikongnamulguk Kimchi and Bean Sprout Soup

김칫국 Kimchitguk Kimchi Soup

냉이된장국 Naengidoenjangguk Shepherd's Purse Soybean Paste Soup

달걀국 Dalgyalguk Egg Soup

닭개장 Dakgaejang Spicy Chicken Soup

도다리쑥국 Dodarissukguk Flounder and Mugwort Soup

도토리묵사발 Dotorimuksabal Chilled Acorn Jelly Soup

된장국 Doenjangguk Soybean Paste Soup

두부새우젓국 Dubusaeujeotguk Bean Curd and Salted Shrimp Soup

매생잇국 Maesaengitguk Seaweed Fulvescens Soup

매생이굴국 Maesaengigulguk Seaweed Fulvescens and Oyster Soup

무된장국 Mudoenjangguk Radish Soybean Paste Soup

미역국 Miyeokguk Seaweed Soup

미역냉국 Miyeongnaengguk Chilled Seaweed Soup

바지락조갯국 Bajirakjogaeguk Clam Soup

배추된장국 Baechudoenjangguk Cabbage Soybean Paste Soup

버섯육개장 Beoseotyukgaejang Spicy Mushroom and Beef Soup

복국 Bokguk Puffer Soup

북엇국 Bugeotguk Dried Pollack Soup

사골우거지해장국 Sagolugeojihaejangguk Napa Cabbage Hangover Soup

선짓국 Seonjitguk Beef Blood Soup

섭국 Seopguk Mussel Soup

소고기뭇국 Sogogimutguk Beef and Radish Soup

소고기미역국 Sogogimiyeokguk Beef and Seaweed Soup

소고기육개장 Sogogiyukgaejang Spicy Beef Soup

순댓국 Sundaetguk Blood Sausage Soup

시금치된장국 Sigeumchidoenjangguk Spinach Soybean Paste Soup

시래기된장국 Siraegidoenjangguk Dried Radish Leaf Soybean Paste Soup

쑥된장국 Ssukdoenjangguk Mugwort Soybean Paste Soup

아욱국 Aukguk Curled Mallow Soup

어묵국 Eomukguk Fishcake Soup

오이냉국 Oinaengguk Chilled Cucumber Soup

오징엇국 Ojingeotguk Squid Soup

올갱잇국 Olgaengitguk Melanian Snail Soup

우거지된장국 Ugeojidoenjangguk Napa Cabbage Soybean Paste Soup

우거지해장국 Ugeojihaejangguk Napa Cabbage Hangover Soup

우렁된장국 Ureongdoenjangguk Freshwater Snail Soybean Paste Soup

육개장 Yukgaejang Spicy Beef Soup

재첩국 Jaecheopguk Freshwater Marsh Clam Soup

초당순두부 Chodangsundubu Chodang Soft Bean Curd

콩나물국 Kongnamulguk Bean Sprout Soup

콩나물해장국 Kongnamulhaejangguk Bean Sprout Hangover Soup

토란국 Toranguk Taro Soup

해장국 Haejangguk Hangover Soup

홍합미역국 Honghammiyeokguk Mussel and Seaweed Soup

황태해장국 Hwangtaehaejangguk Dried Pollack Hangover Soup

탕 Tang

갈낙탕 Gallaktang Short Rib and Octopus Soup

갈비탕 Galbitang Short Rib Soup

감자탕 Gamjatang Hot Stone Pot Bibimbap

곰탕 Gomtang Beef Bone Soup

광어매운탕 Gwangeomaeuntang Spicy Flatfish Stew

굴탕 Gultang Oyster Soup

꼬리곰탕 Kkorigomtang Oxtail Soup

꽃게탕 Kkotgetang Spicy Blue Crab Stew

내장탕 Naejangtang Intestine Soup

닭곰탕 Dakgomtang Chicken Soup

대구맑은탕 Daegumalgeuntang Codfish Soup

대구매운탕 Daegumaeuntang Spicy Codfish Stew

대합탕 Daehaptang Hard Clam Soup

도가니탕 Doganitang Ox Knee Soup

도미맑은탕 Domimalgeuntang Sea Bream Soup

도미매운탕 Domimaeuntang spicy Sea Bream Stew

동태탕 Dongtaetang Pollack Soup

뚜거리탕 Ttugeoritang Spicy Floating Goby Stew

뚝배기불고기 Ttukbaegibulgogi Hot Pot Bulgogi

롤삼계탕 Roll Samgyetang Rolled Ginseng Chicken Soup

매운탕 Maeuntang Spicy Fish Stew

메기매운탕 Megimaeuntang Spicy Catfish Soup

민어탕 Mineotang Croaker Stew

버섯들깨탕 Beoseotdeulkkaetang Mushroom and Perilla Seed Stew

복맑은탕 Bokmalgeuntang Puffer Fish Soup

복매운탕 Bokmaeuntang Spicy Puffer Fish Stew

사골우거지갈비탕 Sagulugeojitang Short Rib Soup with Beef Bone and Dried Napa Cabbage
Leaves

삼계탕 Samgyetang Ginseng Chicken Soup

생태탕 Saengtaetang Pollack Soup

설렁탕 Seolleongtang Ox Bone Soup

쏘가리매운탕 Ssogarimaeuntang Spicy Mandarin Fish Stew

아귀탕 Agwitang Monkfish Soup

알탕 Altang Spicy Fish Roe Soup

양곰탕 Yanggomtang Beef Tripe Soup

연포탕 Yeonpotang Bean Curd Soup

영양한우갈비탕 Yeongyanghanugalbitang Nutritious Korean Beef Rib Soup

왕갈비탕 Wanggalbitang Jumbo Beef Short Rib Soup

우거지갈비탕 Ugeojigalbitang Cabbage and Short Rib Soup

우럭매운탕 Ureokmaeuntang Spicy Rockfish Stew

우족탕 Ujoktang Ox Feet Soup

장어탕 Jangeotang Eel Soup

전복삼계탕 Jeonboksamgyetang Abalone and Ginseng Chicken Soup

조개탕 Jogaetang Clam Soup

조기매운탕 Jogimaeuntang Spicy Yellow Croaker Stew

참게매운탕 Chamgemaeuntang Spicy Hairy Crab Stew

초계탕 Chogyetang Cold Chicken Soup

추어탕 Chueotang Loach Soup

콩비지탕 Kongbijitang Pureed Soybean Soup

콩탕 Kongtang Soybean Soup

해물탕 Haemultang Spicy Seafood Stew

홍어탕 Hongeotang Skate Soup

홍합탕 Honghaptang Mussel Soup

찌개 Jjigae

갈치찌개 Galchijjigae Cutlassfish Stew

강된장 Gangdoenjang Seasoned Soybean Paste

고추장찌개 Gochujangjjigae Red Chilli Paste Stew

김치찌개 Kimchijjigae Kimchi Stew

꽁치김치찌개 Kkongchikimchijjigae Saury and Kimchi Stew

도루묵찌개 Dorumukjjigae Spicy Sailfin Sandfish Stew

동태찌개 Dongtaejjigae Pollack Stew

돼지고기김치찌개 Dwaejigogikimchijjigae Pork and Kimchi Stew

된장찌개 Doenjangjjigae Soybean Paste Stew

부대찌개 Budaejjigae Sausage Stew

생태찌개 Saengtaejjigae Pollack Stew

순두부찌개 Sundubujjigae Soft Bean Curd Stew

시래기된장지짐 Siraegidoenjangjijim Braised Dried Radish Leaf Soybean Paste

애호박찌개 Aehobakjjigae Zucchini Stew

양푼김치찌개 Yangpunkimchijjigae Kimchi Stew in Large Brass Bowl

전복뚝배기 Jeonbokttukbaegi Abalone Hot Pot

차돌된장찌개 Chadoldoenjangjjigae Beef Brisket Soybean Paste Stew

참치김치찌개 Chamchikimchijjigae Tuna and Kimchi Stew

청국장찌개 Cheonggukjangjjigae Rich Soybean Paste Stew

콩비지찌개 Kongbijijjigae Pureed Soybean Stew

해물뚝배기 Haemulttukbaegi Seafood Hot Pot

해물된장찌개 Haemuldoenjangjjigae Seafood Soybean Paste Stew

해물순두부찌개 Haemulsundubujjigae Seafood and Soft Bean Curd Stew

찜 Jjim

갈비찜 Galbijjim Braised Short Ribs

계란찜 Gyeranjjim Steamed Eggs

굴보쌈 Gulbossam Napa Wraps with Pork and Oyster

꼬리찜 Kkorijjim Braised Oxtail

낙지찜 Nakjijjim Braised Octopus

누룽지닭백숙 Nurungjidakbaeksuk Whole Chicken Soup with Scorched Rice

닭백숙 Dakbaeksuk Whole Chicken Soup

대게찜 Daegejjim Steamed Snow Crab

대구뽈찜 Daeguppoljjim Braised Codfish Head

더덕보쌈 Deodeokbossam Napa Wraps with Pork and Deodeok

도가니수육 Doganisuyuk Boiled Ox Knee

도미찜 Domijjim Steamed Sea Bream

동태찜 Dongtaejjim Braised Pollack

돼지등뼈찜 Dwaejideungppyeojjim Braised Pig Backbones

등갈비묵은지찜 Deunggalbimugeunjijjim Braised Pork Rib with Aged Kimchi

뚝배기계란찜 Ttukbaegigyeranjjim Steamed Egg Hot Pot

매운갈비찜 Maeungalbijjim Spicy Braised Short Ribs

머릿고기 Meoritgogi Pork Head Meat

명태찜 Myeongtaejjim Braised Pollack

묵은지찜 Mugeunjijjim Braised Pork with Aged Kimchi

민어찜 Mineojjim Steamed Croaker

병어찜 Byeongeojjim Steamed Pomfret

보쌈 Bossam Napa Wraps with Pork

북어찜 Bugeojjim Steamed Dried Pollack

소갈비찜 Sogalbijjim Braised Beef Short Ribs

소꼬리찜 Sokkorijjim Braised Oxtail

소머리수육 Someorisuyuk Boiled Beef Head Meat

수육 Suyuk Boiled Beef or Pork Slices

순대 Sundae Blood Sausage

아귀찜 Agwijjim Braised Spicy Monkfish

아바이순대 Abaisundae Abai Blood Sausage

안동찜닭 Andongjjimdak Andong Braised Chicken

오리백숙 Oribaeksuk Whole Duck Soup

오이선 Oiseon Stuffed Cucumber

오징어순대 Ojingeosundae Stuffed Squid

전복갈비찜 Jeonbokgalbijjim Braised Short Ribs and Abalone

조기찜 Jogijjim Steamed Yellow Croaker

족발 Jokbal Braised Pigs' Feet

찜닭 Jjimdak Braised Chicken

참꼬막찜 Chamkkomakjjim Steamed Cockles

코다리찜 Kodarijjim Braised Half-dried Pollack

한방오리백숙 Hanbangoribaeksuk Whole Duck Soup with Medicinal Herbs

한방오리찜 Hanbangorijjim Steamed Whole Duck with Medical Herbs

해물찜 Haemuljjim Braised Spicy Seafood

홍어삼합 Hongeosamhap Skate, Pork, and Kimchi Combo

홍어찜 Hongeojjim Steamed Skate

황기닭백숙 Hwanggidakbaeksuk Whole Chicken Soup with Milk Vetch Roots

황기족발 Hwanggijokbal Braised Pigs' Feet with Milk Vetch Root

황태찜 Hwangtaejjim Braised Dried Pollack

훈제오리보쌈 Hunjeoribossam Napa Wraps with Pork and Smoked Duck

볶음 Bokkeum

가지볶음 Gajibokkeum Stir-fried Eggplant

감자볶음 Gamjabokkeum Stir-fried Potatoes

고구마맛탕 Gogumamattang Deep-fried and Sugar Glazed Sweet Potatoes

곰장어볶음 Gomjangeobokkeum Stir-fried Sea Eel

곱창볶음 Gopchangbokkeum Stir-fried Beef Small Intestine, Stirfried Pork Small Intestine

국물떡볶이 Gungmultteokbokki Stir-fried Rice Cake

궁중떡볶이 Gungjungtteokbokki Royal Stir-fried Rice

김치볶음 Kimchibokkeum Stir-fried Kimchi

깻잎나물볶음 Kkaennipnamulbokkeum Stir-fried Perilla Leaves

꽈리고추멸치볶음 Kkwarigochumyeolchibokkeum Stir-fried Shishito Peppers and Dried
   Anchovies

낙지볶음 Nakjibokkeum Stir-fried Octopus

낙지철판볶음 Nakjicheolpanbokkeum Stir-fried Octopus on Hot Iron Plate

느타리버섯볶음 Neutaribeoseotbokkeum Stir-fried Oyster Mushroom

닭갈비 Dakgalbi Spicy Stir-fried Chicken

닭강정 Dakgangjeong Deep-fried and Braised Chicken

닭똥집볶음 Dakttongjipbokkeum Stir-fried Chicken Gizzard

닭볶음탕 Dakbokkeumtang Braised Spicy Chicken

도치두루치기 Dochiduruchigi Stir-fried Pacific Spiny Lumpsucker

돼지고기두루치기 Dwaejigogiduruchigi Stir-fried Pork

돼지고기볶음 Dwaejigogibokkeum Stir-fried Pork

돼지껍데기볶음 Dwaejikkeopdegibokkeum Stir-fried Pork Rind

두부김치 Dubukimchi Bean Curd with Stir-fried Kimchi

떡볶이 Tteokbokki Stir-fried Rice Cake

라볶이 Rabokki Stir-fried Instant Noodle

마른새우볶음 Mareunsaeubokkeum Stir-fried Dried Shrimp

매운닭발볶음 Maeundakbalbokkeum Spicy Stir-fried Chicken's Feet

머위나물볶음 Meowinamulbokkeum Stir-fried Butterbur

물오징어불고기 Murojingeobulgogi Squid Bulgogi

미역줄기볶음 Mioyeokjulgibokkeum Stir-fried Seaweed Stems

순대볶음 Sundaebokkeum Stir-fried Blood Sausage

애호박볶음 Aehobakbokkeum Stir-fried Zucchini

양념치킨 Yangnyeom Chicken Seasoned Fried Chicken

어묵볶음 Eomukbokkeum Stir-fried Fishcake

오리주물럭 Orijumulleok Spicy Stir-fried Duck

오삼불고기 Osambulgogi Squid and Pork Belly Bulgogi

오징어볶음 Ojingeobokkeum Stir-fried Squid

오징어채볶음 Ojingeochaebokkeum Stir-fried Dried Squid Strips

잔멸치볶음 Janmyeolchibokkeum Stir-fried Small Dried Anchovies

제육볶음 Jeyukbokkeum Stir-fried Pork

주꾸미볶음 Jukkumibokkeum Stir-fried Webfoot Octopus

죽순볶음 Juksunbokkeum Stir-fried Bamboo Shoots

쥐치채볶음 Jwichichaebokkeum Stir-fried Dried Filefish Strips

즉석떡볶이 Jeukseoktteokbokki Stir-fried Rice Cake

철판순대볶음 Cheolpansundaebokkeum Stir-fried Blood Sausage on Hot Iron Plate

표고버섯볶음 Pyeogobeoseotbokkeum Stir-fried Golden Oak Mushrooms

해물떡볶이 Haemultteokbokki Stir-fried Rice Cake and Seafood

조림 Jorim

가자미조림 Gajamijorim Braised Plaice

갈치조림 Galchijorim Braised Cutlassfish

감자조림 Gamjajorim Braised Potatoes

고등어조림 Godeungeojorim Braised Mackerel

도미조림 Domijorim Braised Sea Bream

돼지고기 메추리알장조림 Dwaejigogimechurialjangjorim Braised Pork and Quail Eggs in Soy Sauce

두부조림 Dubujorim Braised Bean Curd

땅콩조림 Ttangkongjorim Braised Peanuts

메추리알장조림 Mechurialjangjorim Braised Quail Eggs in Soy Sauce

묵은지고등어조림 Mugeunjigodeungeojorim Braised Mackerel with Aged Kimchi

병어조림 Byeongeojorim Braised Pomfret

북어조림 Bukeojorim Braised Dried Pollack

생멸치조림 Saengmyeolchijorim Braised Anchovies

소고기 메추리알장조림 Sogogimechurialjangjorim Braised Beef and Quail Eggs in Soy Sauce

연근조림 Yeongeunjorim Braised Lotus Roots

우럭조림 Ureokjorim Braised Rockfish

우엉조림 Ueongjorim Braised Burdock Roots

은대구조림 Eundaegujorim Braised Black Cod

장조림 Jangjorim Braised Beef in Soy Sauce

조기조림 Jogijorim Braised Yellow Croaker

코다리조림 Kodarijorim Braised Half-dried Pollack

콩조림 Kongjorim Braised Beans

숙채 Sukchae

가지나물 Gajinamul Eggplant Salad

간편잡채 Ganpyeonjapchae Stir-fried Glass Noodles and Vegetables

고구마순나물 Gogumasunnamul Sweet Potato Stem Salad

고사리나물 Gosarinamul Bracken Salad

고춧잎나물 Gochunnipnamul Green Pepper Leaf Salad

곤드레나물 Gondeurenamul Korean Thistle Salad

구절판 Gujeolpan Platter of Nine Delicacies

깻잎순무침 Kkaennipsunmuchim Perilla Leaf Salad

나물 Namul Salad

냉이나물 Naenginamul Shepherd's Purse Salad

대하냉채 Daehanaengchae Chilled Prawn Salad

도라지나물 Dorajinamul Balloon Flower Root Salad

무나물 Munamul Radish Salad

미나리나물 Minarinamul Water Parsley Salad

미역초무침 Miyeokchomuchim Brown Seaweed Salad with Vinegar Dressing

비름나물 Bireumnamul Pigweed Salad

숙주나물 Sukjunamul Mung Bean Sprout Salad

시금치나물 Sigeumchinamul Spinach Salad

시래기나물 Siraeginamul Dried Radish Leaf Salad

쑥갓나물무침 Ssukgannamulmuchim Crown Daisy Salad

잡채 Japchae Stir-fried Glass Noodles and Vegetables

죽순채 Juksunchae Seasoned Bamboo Shoots

참나물 Chamnamul Short-fruit Pimpinella Salad

취나물 Chwinamul Aster Leaf Salad

콩나물무침 Kongnamulmuchim Bean Sprout Salad

탕평채 Tangpyeongchae Mung Bean Jelly Salad

생채 Saengchae

골뱅이무침 Golbaengimuchim Spicy Sea Snail Salad

굴무침 Gulmuchim Oyster Salad

김무침 Gimmuchim Laver Salad

꼬막무침 Kkomangmuchim Cockle Salad

노각무침 Nogangmuchim Yellow Cucumber Salad

달래무침 Dallaemuchim Wild Chive Salad

대구포무침 Daegupomuchim Dried Codfish Fillet Salad

더덕생채 Deodeoksaengchae Deodeok Fresh Salad

도라지생채 Dorajisaengchae Bellflower Root Fresh Salad

도토리묵 Dotorimuk Acorn Jelly Salad

도토리묵무침 Dotorimungmuchim Acorn Jelly Salad

돌미나리무침 Dolminarimuchim Wild Parsley Salad

두릅초회 Dureupchohoe Parboiled Fatsia Shoot

마늘종무침 Maneuljongmuchim Spicy Garlic Stem Salad

메밀무침 Memilmuchim Buckwheat Leaf Salad

메밀묵무침 Memilmungmuchim Buckwheat Jelly Salad

무말랭이무침 Mumallaengimuchim Dried Radish Salad

무생채 Musaengchae Julienne Radish Fresh Salad

부추무침 Buchumuchim Chive Salad

북어채무침 Bugeochaemuchim Dried Pollack Strip Salad

상추겉절이 Sangchugeotjeori Fresh Lettuce Kimchi

영양부추겉절이 Yeongyangbuchugeotjeori Fresh Chive Kimchi

오이무침 Oimuchim Cucumber Salad

오이미역초무침 Oimiyeokchomuchim Sweet and Sour Seaweed Cucumber Salad

오이지무침 Oijimuchim Pickled Cucumber Salad

오징어무침 Ojingeomuchim Squid Salad

오징어초무침 Ojingeochomuchim Sweet and Sour Squid Salad

올챙이묵 Olchaengimuk Corn Starch Noodles

청포묵무침 Cheongpomungmuchim Mung Bean Jelly Salad

파래무침 Paraemuchim Green Laver Salad

파무침 Pamuchim Green Onion Salad

해파리냉채 Haeparinaengchae Chilled Jellyfish Salad

전골 Jeongol

갈낙전골 Gallakjeongol Short Rib and Octopus Hot Pot

곱창전골 Gopchangjeongol Beef Tripe Hot Pot

국수전골 Guksujeongol Noodle Hot Pot

김치전골 Kimchijeongol Kimchi Hot Pot

낙지전골 Nakjijeongol Octopus Hot Pot

닭한마리 Dakhanmari Whole Chicken Stew

두부전골 Dubujeongol Bean Curd Hot Pot

만두전골 Mandujeongol Dumpling Hot Pot

버섯전골 Beoseotjeongol Mushroom Hot Pot

불낙전골 Bullakjeongol Bulgogi and Octopus Hot Pot

소고기국수전골 Sogogiguksujeongol Beef and Noodle Hot Pot

소고기버섯전골 Sogogibeoseotjeongol Beef and Mushroom Hot Pot

소고기전골 Sogogijeongol Beef Hot Pot

신선로 Sinseollo Royal Hot Pot

해물낙지전골 Haemullakjijeongol Seafood and Octopus Hot Pot

적 · 산적 Jeok and Sanjeok

송이산적 Songisanjeok Pine Mushroom Skewers

화양적 Hwayangjeok Beef and Vegetable Skewers

구이 Gui

가자미구이 Gajamigui Grilled Plaice

갈치구이 Galchigui Grilled Cutlassfish

고등어구이 Godeungeogui Grilled Mackerel

고추장불고기 Gochujangbulgogi Red Chili Paste Bulgogi

고추장삼겹살 Gochujangsamgyeopsal Red Chili Paste Pork Belly

곰장어구이 Gomjangeogui Grilled Sea Eel

곱창구이 Gopchanggui Grilled Beef or Pork Tripe

광양불고기 Gwangyangbulgogi Gwangyang Bulgogi

굴비구이 Gulbigui Grilled Dried Yellow Croaker

김 Gim Laver

꼬치구이 Kkochigui Grilled Skewers

꽁치구이 Kkongchigui Grilled Saury

낙지호롱 Nakjihorong Grilled Whole Octopus

너비아니 Neobiani Marinated Grilled Beef Slices

닭꼬치구이 Dakkkochigui Chicken Skewers

대창구이 Daechanggui Grilled Beef Large Intestine

대패삼겹살 Daepaesamgyeopsal Grilled Thin-sliced Pork Belly

대하구이 Daehagui Grilled Prawn

대합구이 Daehapgui Grilled Hard Clams

더덕구이 Deodeokgui Grilled Deodeok

도루묵구이 Dorumukgui Grilled Sailfin Sandfish

도리뱅뱅 Doribaengbaeng Spicy Braised Freshwater Sprats

도미구이 Domigui Grilled Sea Bream

돼지갈비구이 Dwaejigalbigui Grilled Spareribs

돼지막창구이 Dwaejimakchanggui Grilled Pork Intestine

등갈비구이 Deunggalbigui Grilled Back Ribs

등심구이 Deungsimgui Grilled Sirloin

떡갈비 Tteokgalbi Grilled Short Rib Patties

막창구이 Makchanggui Grilled Beef Reed Tripe

매운족발 Maeunjokbal Spicy Braised Pigs' Feet

모던불고기 Modern Bulgogi Modern Bulgogi

바싹불고기 Bassakbulgogi Thin-sliced Bulgogi

병어구이 Beongeogui Grilled Pomfret

보리굴비 Borigulbi Barley-aged Dried Yellow Corvina

복불고기 Bokbulgogi Puffer Fish Bulgogi

북어구이 Bugeogui Grilled Dried Pollack

불고기 Bulgogi Bulgogi

삼겹살 Samgyeopsal Grilled Pork Belly

삼치구이 Samchigui Grilled Spotted Mackerel

새우구이 Saeugui Grilled Shrimp

생선구이 Saengseongui Grilled Fish

석쇠돼지불고기 Seoksoedwaejibulgogi Grilled Pork Bulgogi

소갈비구이 Sogalbigui Grilled Beef Ribs

소고기구이 Sogogigui Grilled Beef

소고기편채 Sogogipyeonchae Sliced Beef with Vegetables

소곱창구이 Sogopchanggui Grilled Beef Small Intestine

솥뚜껑삼겹살 Sotttukkeongsamgyeopsal Caldron Lid-grilled Pork Belly

숯불닭갈비 Sutbuldakgalbi Spicy Charcoal-grilled Chicken

양곱창구이 Yanggopchanggui Grilled Beef Tripe

양념갈비 Yangnyeomgalb Marinated Grilled Beef or Pork Ribs

양념장어구이 Yangnyeomjangeogui Grilled Seasoned Eel

언양불고기 Eonyangbulgogi Eonyang Bulgogi

오리구이 Origui Grilled Duck

오리로스 Oriros Grilled Duck

오리불고기 Oribulgogi Duck Bulgogi

오징어구이 Ojingeogui Grilled Squid

오징어불고기 Ojiongeobulgogi Squid Bulgogi

옥돔구이 Grilled Okdom Grilled Red Tilefish

은어구이 Euneogui Grilled Sweetfish

임연수구이 Imyeonsugui Grilled Greenling Fish

장어구이 Jangeogui Grilled Eel

장작구이통닭 Jangjakguitongdak Wood-grilled Chicken

전복구이 Jeonbokgui Grilled Abalone

전어구이 Jeoneogui Grilled Gizzard Shad

조개구이 Jogaegui Grilled Clams

차돌박이구이 Chadolbagigui Grilled Beef Brisket

코다리구이 Kodarigui Grilled Half-dried Pollack

황태구이 Hwangtaegui Grilled Dried Pollack

훈제오리 Hunjeori Smoked Duck

LA갈비 LA-galbi Marinated Grilled Ribs

장 Jang

간장 Ganjang Soy Sauce

고추장 Gochujang Red Chili Paste

된장 Doenjang Soybean Paste

막장 Makjang Fermented Soybean Paste with Red Chili Powder

볶음고추장 Bokkeumgochujang Stir-fried Red Chili Paste

쌈장 Ssamjang Red Chili and Soybean Paste

초간장 Choganjang Vinegar Soy Sauce

초고추장 Chogochujang Sweet and Sour Red Chili Paste

장아찌 Jangajji

가죽장아찌 Gajukjangajji Pickled Red Toon Shoot

간장게장 Ganjanggejang Soy Sauce Marinated Crab

고추장아찌 Gochujangajji Pickled Chili Peppers

김장아찌 Gimjangajji Pickled Laver

깻잎지 Kkaennipji Pickled Perilla Leaf

노각장아찌 Nogakjangajji Pickled Yellow Cucumber

더덕장아찌 Deodeokjangajji Pickled Deodeok

두릅장아찌 Dureupjangajji Pickled Fastia Shoot

마늘장아찌 Maneuljangajji Pickled Garlic

마늘종장아찌 Maneuljongjangajji Pickled Garlic Stem

매실장아찌 Maesiljangajji Pickled Green Plum

명이나물장아찌 Myeonginamuljangajji Pickled Victory Onion

무말랭이장아찌 Mumallaengijangajji Pickled Dried Radish

무장아찌 Mujangajji Pickled Radish

새우장 Saeujang Soy Sauce Marinated Shrimp

양념게장 Yangnyeomgejang Spicy Marinated Crab

양파장아찌 Yangpajangajji Pickled Onion

오이지 Oiji Pickled Cucumber

장아찌 Jangajji Pickled Vegetables

죽순장아찌 Juksunjangajji Pickled Bamboo Shoot

콩잎장아찌 Kongnipjangajji Pickled Bean Leaf

전 Jeon

가자미전 Gajamijeon Pan-fried Battered Plaice

감자전 Gamjajeon Potato Pancake

계란말이 Gyeranmari Rolled Omelet

고구마튀김 Gogumatwigim Deep-fried Sweet Potatoes

고추부각 Gochubugak Chili Pepper Chips

고추전 Gochujeon Pan-fried Battered Chili Pepper

굴전 Guljeon Pan-fried Battered Oyster

김말이튀김 Gimmaritwigim Deep-fried Laver Roll

김부각 Gimbugak Laver Chips

김치전 Kimchijeon Kimchi Pancake

깻잎전 Kkaennipjeon Pan-fried Battered Perilla Leaves

꼬막전 Kkomakjeon Pan-fried Battered Cockles

녹두전 Nokdujeon Mung Bean Pancake

다시마부각 Dasimabugak Kelp Chips

단군신화전 Dangunsinhwajeon Pan-fried Battered Kimchi Roll with Garlic and Beef

단호박튀김 Danhobaktwigim Deep-fried Pumkin

동그랑땡 Donggeurangttaeng Meat Fritters

동태전 Dongtaejeon Pan-fried Battered Pollack Fillet

두부전 Dubujeon Pan-fried Battered Bean Curd

메밀전병 Memiljeonbyeong Buckwheat Crepe

모둠전 Modumjeon Assorted Savory Pancakes

미꾸라지튀김 Mikkurajitwigim Deep-fried Loach

미나리전 Minarijeon Water Parsley Pancake

배추전 Baechujeon Cabbage Pancake

버섯전 Beoseotjeon Pan-fried Battered Mushrooms

복튀김 Boktwigim Deep-fried Puffer Fish

부각 Bugak Vegetable and Seaweed Chips

부추전 Buchujeon Chive Pancake

빈대떡 Bindaetteok Mung Bean Pancake

새우튀김 Saeutwigim Deep-fried Shrimp

생선전 Saengseonjeon Pan-fried Fish Fillet

수수부꾸미 Susubukkumi Pan-fried Millet Rice Cake

애호박전 Aehobakjeon Pan-fried Battered Zuccinni

야채튀김 Yachaetwigim Deep-fried Vegetables

연근전 Yeongeunjeon Pan-fried Battered Lotus Roots

오징어튀김 Ojingeotwigim Deep-fried Squid

육전 Yukjeon Pan-fried Battered Beef

파래전 Paraejeon Green Laver Pancake

파전 Pajeon Green Onion Pancake

해물부추전 Haemulbuchujeon Seafood and Chive Pancake

해물파전 Haemulpajeon Seafood and Green Onion Pancake

호박전 Hobakjeon Pan-fried Battered Zucchini

젓갈 Jeotgal

갈치젓 Galchijeot Salted Cutlassfish

꼴뚜기젓 Kkolttugijeot Salted Beka Squid

낙지젓 Nakjijeot Salted Octopus

멸치젓 Myeolchijeot Salted Anchovies

명란젓 Myeongnanjeot Salted Pollack Roe

명태식해 Myeongtaesikhae Salted and Fermented Pollack

새우젓 Saeujeot Salted Shrimp

어리굴젓 Eoriguljeot Spicy Salted Oysters

오징어젓 Ojingeojeot Salted Squid

젓갈 Jeotgal Salted Seafood

조개젓 Jogaejeot Salted Clam Meat

황석어젓 Hwangseogeojeot Salted Small Yellow Croaker

회 Hoe

강어회 Gangeohoe Sliced Raw Leather Carp

과메기 Gwamegi Half-dried Saury

광어회 Gwangeohoe Sliced Raw Flatfish

두부삼합 Dubusamhap Bean Curd, Pork, and Aged Kimchi Combo

모둠회 Modumhoe Assorted Sliced Raw Fish

문어삼합 Muneosamhap Octopus, Skate, and Pork Combo

문어숙회 Muneosukhoe Parboiled Octopus

물회 Mulhoe Cold Raw Fish Soup

민어회 Mineohoe Sliced Raw Croaker

산낙지 Sannakji Live Octopus

생선회 Saengseonhoe Sliced Raw Fish

송어회 Songeohoe Sliced Raw Trout

오징어물회 Ojingeomulhoe Cold Raw Squid Soup

육회 Yukhoe Beef Tartare

자리물회 Jarimulhoe Cold Raw Pearl-spot Chromis Soup

전어무침 Jeoneomuchim Gizzard Shad Salad

전어회 Jeoneohoe Sliced Raw Gizzard Shad

한치물회 Hanchimulhoe Cold Raw Swordtip Squid Soup

한치회무침 Hanchihoemuchim Sliced Raw Swordtip Squid Salad

홍어회무침 Hongeohoemuchim Sliced Raw Skate Salad

회무침 Hoemuchim Spicy Raw Fish Salad

김치 Kimchi

갓김치 Gatkimchi Leaf Mustard Kimchi

겉절이 Geotjeori Fresh Kimchi

고들빼기김치 Godeulppaegikimchi Bitter Lettuce Kimchi

깍두기 Kkakdugi Diced Radish Kimchi

깻잎김치 Kkaennipkimchi Perilla Leaf Kimchi

나박김치 Nabakkimchi Water Kimchi

돌나물물김치 Dolnamulmulkimchi Stringy stonecrop Water Kimchi

돌미나리물김치 Dolminarimulkimchi Wild Parsley Water Kimchi

동치미 Dongchimi Radish Water Kimchi

배추겉절이 Baechugeotjeori Fresh Cabbage Kimchi

배추김치 Baechukimchi Kimchi

백김치 Baekkimchi White Kimchi

보쌈김치 Bossamkimchi Wrapped Kimchi

봄동겉절이 Bomdonggeotjeori Fresh Winter Cabbage Kimchi

부추김치 Buchukimchi Chive Kimchi

석박지 Seokbakji Radish and Cabbage Kimchi

열무김치 Yeolmukimchi Young Summer Radish Kimchi

열무얼갈이김치 Yeolmueolgarikimchi Young Summer Radish and Winter Cabbage Kimchi

오이소박이 Oisobagi Cucumber Kimchi

총각김치 Chonggakkimchi Whole Radish Kimchi

파김치 Pakimchi Green Onion Kimchi

포기김치 Pogikimchi Kimchi

만두 Mandu

갈비만두 Galbimandu Pork Rib Dumpling

고기만두 Gogimandu Meat Dumpling

군만두 Gunmandu Pan-fried Dumpling

김치만두 Kimchimandu Kimchi Dumpling

떡만둣국 Tteongmandutguk Sliced Rice Cake and Dumpling Soup

만두 Mandu Dumplings

만둣국 Mandutguk Dumpling Soup

물만두 Mulmandu Boiled Dumpling

송어만두 Songeomandu Trout Dumpling

왕만두 Wangmandu Jumbo Sized Dumpling

채만두 Chaemandu Buckwheat Dumpling

떡 Tteok

가래떡 Garaetteok Rice Cake Stick

감자떡 Gamjatteok Potato Cake

경단 Gyeongdan Sweet Rice Balls

깨경단 Kkaegyeongdan Sesame Sweet Rice Balls

꿀떡 Kkultteok Honey-filled Rice Cake

녹두시루떡 Nokdusirutteok Mung Bean Steamed Rice Cake

무지개떡 Mujigaetteok Rainbow Rice Cake

백설기 Baekseolgi Snow White Rice Cake

송편 Songpyeon Half-moon Rice Cake

수수팥떡 Susupattteok Red-bean-coated Millet Rice Cake

시루떡 Sirutteok Steamed Rice Cake

쑥떡 Ssuktteok Mugwort Rice Cake

약식 Yaksik Sweet Rice with Nuts and Jujubes

인절미 Injeolmi Bean-powder-coated Rice Cake

절편 Jeolpyeon Patterned Rice Cake

증편 Jeungpyeon Raised Rice Cake

찹쌀떡 Chapssaltteok Sweet Rice Cake with Red Bean Filling

호떡 Hotteok Syrup-filled Pancake

화전 Hwajeon Pan-fried Flower Rice Cake

한과 Hangwa

감말랭이 Gammallaengi Dried Persimmon

강정 Gangjeong Sweet Rice Puffs

곶감 Gotgam Dried Whole Persimmon

다식 Dasik Tea Confectionery

도라지정과 Dorajijeonggwa Briased Bellflower Root in Sweet Sauce

매작과 Maejakgwa Fried Twist

산자 Sanja Fried Rice Squares

송화다식 Songhwadasik Pine Flower Powder Tea Confectionery

수삼정과 Susamjeonggwa Briased Ginseng in Sweet Sauce

약과 Yakgwa Honey Cookie

흑임자다식 Heugimjadasik Black Sesame Tea Confectionery

음청류 Eumcheong-Ryu

구기자차 Gugijacha Wolfberry Tea

녹차 Nokcha Green Tea

단호박식혜 Danhobaksikhye Pumpkin Sweet Rice Punch

대추차 Daechucha Jujube Tea

막걸리 Makgeolli Unrefined Rice Wine

매실차 Maesilcha Green Plum Tea

모과차 Mogwacha Quince Tea

미숫가루 Misutgaru Roasted Grain Powder

생강차 Saenggangcha Ginger Tea

수정과 Sujeonggwa Cinnamon Punch

식혜 Sikhye Sweet Rice Punch

쌍화차 Ssanghwacha Medicinal Herb Tea

오미자화채 Omijahwachae Omija Punch
유자차 Yujacha Citrus Tea
유자화채 Yujahwachae Citrus Punch
인삼차 Insamcha Ginseng Tea
팥빙수 Patbingsu Shaved Ice with Red Bean Topping

자료 : 한식진흥원(http://www.hansik.or.kr/kr/board/dn/list/017?menuId=56&acode=GNB_hasik_notation) 발췌

참고문헌

① 단행본

최병호 · 이진택 외 2, 호텔외식주방관리실무, 백산출판사, 2013

구난숙 외 3, 세계 속의 음식문화, 교문사, 2016

정재홍 외 7, 한식조리, 형설출판사, 2019

홍진숙 외 5, 기초한국음식, 교문사, 2011

홍진숙 외 11, 고급한국음식, 교문사, 2003

정문숙 · 신미혜, 생활조리, 신광출판사, 2000

박성혜 외 10, 건강약선조리, 지구문화사, 2011

양일선 · 차진아 · 신서영 · 박문경, 급식경영학, (주)교문사, 2009

윤서석, 한국의 음식용어, 민음사, 1991

박경곤 · 최성기, 호텔외식식자재관리론, 백산출판사, 2010

김기영, 호텔외식산업주방관리실무론, 백산출판사, 2008

정청송 외 3, 호텔식당시설관리론, 경희대학교 출판국, 1989

예지각(편집부), 요점식품위생관리, 예지각, 1999

김기영 · 엄영호 공저, 서양조리실무론, 성안당

나정기, 외식산업의 이해, 백산출판사, 2000

_____, 메뉴 관리의 이해, 백산출판사, 1998

_____, 메뉴관리론, 백산출판사, 1995

_____, 식음료 원가관리의 이해, 백산출판사, 2006

이대홍 · 고상덕, 외식산업경영론&외식창업론, 신흥대학사회교육원교육교재, 1999

이성우, 한국식품문화사, 교문사, 1984

_____, 한국요리문화사, 교문사, 1985

강인희, 한국식생활사풍속, 삼영사, 1984

강인희, 한국의 맛, 대한교과서, 1999

한국음식문화오천년전준비위원회, 한국음식오천년, 유림문화사, 1988

구천서, 세계의 식생활문화, 향문사, 1995

강인희 외, 한국의 상차림, 효일문화사, 1999

한국관광공사, 한식조리개론, 경주관광교육원, 1990

김혜영 · 조은자 · 한영숙 · 김지영 · 표영희, 문화와 식생활, 효일문화사, 1998

윤서석, 우리나라 식생활 문화의 역사, 신광출판사, 1999

윤서석, 한국식품사연구, 신광출판사, 1997

이연희, 종합 조리사 실기, 현능사, 1993

박병렬 · 임붕영, 제2판 외식산업 주방 관리론, 대왕사

정영도 · 김광익 · 최병권 · 허영욱 · 이병주 · 장기호 · 마경덕 · 이권우 · 김우영 · 김창현 · 박경호, 식품 조리 재료학, 지구문화사

윤수선 · 채현석 · 김정수, 주방관리, 백산출판사, 2010

이순옥 외, 조리, 산업인력관리공단, 2011

박경곤 · 최성기, 호텔외식 식자재 관리론, 백산출판사, 2010

홍기운 · 진양호 · 김장익, 최신 식품 구매론, 대왕사, 2006

김기영, 호텔 외식산업 주방관리 실무론, 백산출판사, 2008

더 K서울호텔, 위생관리 매뉴얼, 2010

정청송 외 3인, 호텔식당 시설관리론, 경희대학교 출판국, 1989

한국과학기술원, 생산관리(전략과 분석), 도서출판 석정, 1994

황혜성 · 한복려 · 한복진, 한국의 전통음식, 교문사, 2003

이은정 · 이두찬 · 이경란, 이해하기 쉽게 쓴 메뉴관리론, 양서원, 2012

예지각(편집부), 요점 식품위생관리, 예지각, 1999

Wiley(김태형 · 유종서 · 이덕영 · 이봉식 · 이은정 · 정혜정 · 최현주 공역)

최은희 외 6인, 한국음식의 미학, 백산출판사

The Professional Chef, (주)서울외국서적

② 논문

이승일, 관광호텔 주방관리에 관한 연구, 석사학위논문, 2005

김장익, 관광호텔 주방관리 개선방안에 관한 연구, 관광품질시스템학회, 1997

김종성, 관광호텔 주방설비의 효율적인 배치에 관한 연구, 경희대학교 경영대학원 관광경영학과 호텔 경영 전공, 1993

진양호, 호텔 주방조직의 인적자원관리에 관한 연구, 한국 조리학회지, 1995

나정기, 21세기 호텔경영에서 식음료부문의 운영방안에 관한 연구, 한국관광학회, 1996

_____, 호텔 주방의 생산성 향상에 관한 연구: 식재료의 흐름을 중심으로, 한국관광학회, 1998

박경곤, 호텔주방의 생산성향상을 위한 신인력 정책에 관한 연구 −서울 소재 특1급 호텔을 중심으로−, 경기대학교 관광대학원 석사학위논문, 1999

성태종, 호텔 주방의 식재료 아웃소싱(outsourcing)에 대한 조리사의 인지태도 연구, 경주대학교 산업경영대학원, 석사학위논문, 2003

문희수, 관광호텔 주방의 효율적인 인력관리 방안에 관한 연구 –서울지역 특1급 관광호텔을 중심으로–, 경희대학교 경영대학원, 석사학위논문, 1998

송경숙, 관광호텔 주방의 인적자원관리에 관한 연구, 경기대학교 대학원, 석사학위논문, 1995

윤한식, 호텔연회주방의 효율적인 관리방안에 관한 연구, 경기대 관광전문대학원 발행, 외식산업경영 전공, 2003

김인환, 호텔주방설비가 생산효율에 미치는 영향에 관한 연구, 영산대, 2005

전효진, 호텔주방의 조리작업환경에 관한 연구, 경기대학교, 석사논문, 2001

박병근, 관광호텔 조리업무의 효율적인 운영방안에 관한 연구, 경기대학교 경영대학원 관광경영학과 관광관리전공, 1995

이상정 · 조춘봉, 호텔 컨벤션 메뉴와 주방관리에 관한 실증적 연구, 외식경영학회, 2003

문회수, 관광호텔 주방의 효율적인 인력관리 방안에 관한 연구, 경희대학교, 석사논문, 1998

최우승, 호텔조리사의 주방관리 단계별 업무중요도 및 업무수행도 평가, 연세대학교 생활환경대학원, 석사학위논문, 2001

최은경, 한국음식의 상품화에 대한 연구, 수원대학교 호텔관광대학원, 석사학위논문, 2004

장태경, 관광호텔 부쳐 주방관리의 효율성에 관한 연구, 2003

진양호, 외식업의 주방관리에 관한 연구, 2000

곽미경, 관광호텔 주방환경 평가에 관한 연구, 경기대학교 대학원, 석사학위논문, 1994

우성근, 관광호텔 주방관리의 효율적인 운영방안에 관한 연구, 경기대학교 경영대학원, 석사학위논문, 1996

유택용, 관광호텔 주방관리의 효율성에 관한 연구, 경기대학교 경영대학원, 석사학위논문, 1998

이보연, 호텔 외식사업체 이용객 만족에 관한 연구 –서울지역 특1급호텔의 외부 외식사업체를 중심으로–, 경희대학교 경영대학원, 석사학위논문, 1999

이은정 · 이영숙, 메뉴엔지니어링 기법과 CMA기법을 이용한 메뉴분석에 관한 연구, 한국 식생활 문화 학회지, 2006

최영준, 호텔 식음료부문 아웃소싱 활용가능성에 관한 탐색적 연구, 호텔경영학연구 제9권 제2호, 한국호텔경영학회, 2000

이진택, 호텔주방의 편의식품 이용실태에 관한 연구, 석사학위논문, 2006

③ 외국자료

Fayol, H. Industrial and general administration, Geneva : International Management Institute, 1930

Koontz, H. The management theory jungle, Academy of management review, 1980

McGregor, D., The human side of enterprise, NY : Mcgraw–Hill Book Co., 1961

Warner, M., Noncommercial, institutional, and contract foodservice management, NY : john Wiley & Sons, Inc., 1994

Jack D. Ninemeier, Planning and Control for Food and Beverage Operations 4th ed, Educational Institute of the American Hotel & Motel Association, 1998

Michale L. Kasavana(1990), Menu Engineering : A Practcal Guide to Menu Analysis, Revised Edition, Hospitality Publications.

④ 인터넷 사이트

http://hujubkang.tistory.com/47

http://mbanote.com/80152526079

blog.naver.com/minkyo100/100154915285

blog.naver.com/ninjattle/10113400496

네이버 지식백과 & 네이버 국어사전

글로벌 세계 대백과사전

2011년 식품산업 주요지표 식품산업통계정보시스템 FIS, http://fis.foodinkorea.co.kr

http://www.lizi.co.kr/

http://www.ritzcook.com/ilovecook4.htm

http://cafe.naver.com/openspaces/137

http://www.cwomen.net/

http://tong.nate.com/bwv996/36364579http://cafe.naver.com/manger23/19

http://www.chinainkorea.co.kr/사회문화/문화특징.

http://ilsic.com.ne.kr/

http://www.welcometojapan.or.kr/index.asp

http://www.sonmat.net

식중독 예방교육 표준교재 2006(행정물 간행등록번호 ; 11-1470000-001113-01)

노동부홈페이지 www.molab.go.kr

http://cafe.naver.com/cook11/1986

http://terms.naver.com/entry.nhn?docId=795033&imageNo=22,

한국산업인력관리공단, http://www.q-net.or.kr

디지털 순창문화대전 한국학중앙연구원 - 향토문화전자대전, http://sunchang.grandculture.net/Contents?local=sunchang&dataType=01&contents_id=GC05901523

식중독예방 대국민 홍보사이트, https://www.mfds.go.kr

식품의약품안전처, http://www.hansik.or.kr/kr/story/storyView.do?menuId=49&searchId=75&curPage=1&isPaging=true&searchWord=&searchCode=&searchOrder=text

한식진흥원

나무위키, https://namu.wiki/w/%EA%B0%84%EC%9E%A5

위키백과, https://ko.wikipedia.org/wiki/PEST_%EB%B6%84%EC%9D

다음 백과, https://100.daum.net

한국민족문화 대백과 사전, https://100.daum.net/encyclopedia/view/14XXE0034217

한식재단, 한식재단 700개 한식메뉴 외국어 표기 길라잡이, www.hansik.org

저자약력

이 진 택

신안산대학교 호텔조리과 교수
조리 외식경영 & 메뉴 컨설턴트(Menu Consultant)

세종대학교 외식경영학석사 & 국립한경대학교 이학박사
세종호텔 & The-K 호텔(서울) 조리팀
(사)한국외식산업학회 이사
한국산업인력관리공단 조리기능사 실기감독위원 역임
2017 대한민국CSR논문경진대회 최우수상 수상
2005 서울 세계음식박람회 금메달 수상(개인 부문) 외 다수 수상
농가 맛집 외식메뉴 개발 & 컨설팅 다수

문 수 정

The - K 서울호텔 조리팀 근무
조리 외식경영 & 메뉴 컨설턴트(Menu Consultant)

세종대학교 호텔 · 외식경영학석사
세종호텔 & The-K 호텔(서울) 조리팀
1993 서울 국제요리경연대회 은상 수상(개인/한식)
2017 대한민국CSR논문경진대회 최우수상 수상
식품업체 상품개발 · 농가 맛집 외식메뉴 개발 外 컨설팅 다수

저자와의
합의하에
인지첩부
생략

한국요리 입문자를 위한 한식조리기능사 실기

2022년 2월 25일 초판 1쇄 인쇄
2022년 2월 28일 초판 1쇄 발행

지은이 이진택 · 문수정
펴낸이 진욱상
펴낸곳 (주)백산출판사
교 정 성인숙
본문디자인 이문희
표지디자인 오정은

등 록 2017년 5월 29일 제406-2017-000058호
주 소 경기도 파주시 회동길 370(백산빌딩 3층)
전 화 02-914-1621(代)
팩 스 031-955-9911
이메일 edit@ibaeksan.kr
홈페이지 www.ibaeksan.kr

ISBN 979-11-6567-454-0 13590
값 26,000원